3層の中の上部，5デッキ
(「キャビン」は，本文15ページ)

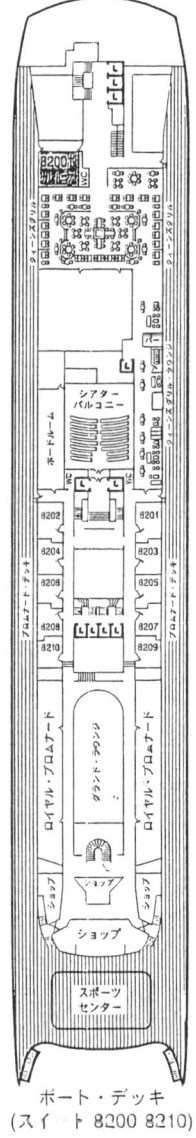

ボート・デッキ
(スイート 8200 8210)

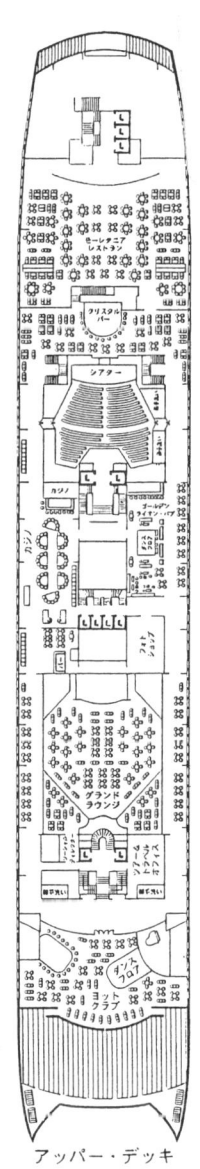

アッパー・デッキ

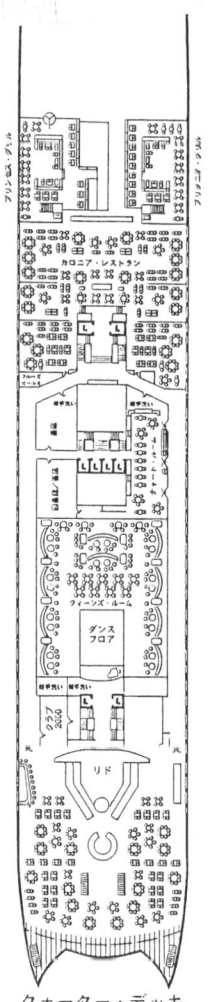

クォーター・デッキ

港々に数楽あり

クルーズで数学しよう

仲田紀夫

黎明書房

この本を読まれる方へ

船 人間は太古から，丸木舟やイカダなどにより，漁労，冒険，交易，ときに漂流で大陸から島へ，島から島へと別の地に移動したが，この際に，物資や文化などの交換，伝播がされ続けました。

その意味で，海は広く長い"**道**"であり，船は馬やラクダであったのです。

素朴な"フネ"は丸太をくりぬいたものや木を組んだ「イカダ」，あるいは，2，3人乗りのボートなどで，これらは舟と呼び，大きくて人の他，荷物を運ぶものを『船』と呼んだのですが，この本では，何万トンという大きな"フネ"による旅なので『船』—**客船**—の字を使います。

港 さて，舟や船が陸地に着き，そこを拠点，基地とした場所を"**港**"といい，町や街ができます。

この港から，内陸の各地へと人や物資，文化が運ばれますから，港はその島，半島，大陸の"**入口**"(窓)といえるでしょう。

〔参考〕ロシアのサンクト・ペテルブルクは「西欧への窓」と呼ばれた。

一方，そこから外部へも出るので，"**出口**"でもあったのです。少なくともその地域，地帯の最先端技術の場所でしたし，大いに繁栄したところでした。

旅 世の中の人々が平和で豊かになると，他の土地や外国へ，商用，観光などで出かけることになりますが，それが"**旅**"です。

日本を例にとると，古くからある「お伊勢参り」「四国八十八箇所巡り」などのいわゆる『講』の旅，参勤交代による大名行列の旅，芭蕉や空海のような研究，修行の旅，……。外国でも「聖地巡礼」といった長旅などもあり，実に千差万別です。

学校の修学旅行も，まさに旅でしょう。

近年では，バス，電車，さらに航空機による"ツアー"旅行が盛んで，これがさらに，贅沢といわれる『**クルーズ**』（船旅）へと発展してきています。つまり，旅が"楽に楽に"という方向に進化しているのです。
　クルーズについては，後に詳しく説明しますが，その長所は，
○身体が安全な上，楽に過ごせ，ベッドで寝ている間に他の地へ行ける。
○荷物（ケース，トランクなど）は船室に置けて，「日々荷造り」が不要。
○船内での生活は，十分，娯楽，趣味，休息の時間に当てられる。
などなど，普通の慰安，観光旅行より数々の利点があるため，近年，急速に，利用者がふえ，「暇と金のある」中高年世代や新婚カップル，同好仲間，各種団体などが参加しています。
　費用がもっと安くなり，また港から内陸への「**オプショナル・ツアー**」（OP）が自由になれば，中学・高校生などの修学旅行や家族旅行，社内旅行，グループ旅行が増えることでしょう。

　以上から，未だ『クルーズ』の経験のない人やいずれ利用してみたい人，興味，関心をもった人などは，本書によって予備知識を得，将来の準備としてはいかがでしょうか。
　私は，「芭蕉が俳句を求めて旅をした」ように，数学のルーツを求めた旅を続けて20余年，終局としてクルーズによる「**港湾数学都市巡り**」に行き着きました。
　すでに，右のような体験をもち，
世界四大海運民族（皆，島国）
　○ギリシア　　○イタリア
　○イギリス　　○日本
のすべての客船に乗りました。
　本書は，その集大成としてまとめたものです。

私のクルーズ体験
'97　エーゲ海の島々　（ギリシア船）
'00　西地中海と 　　　大西洋諸島　　（イタリア船）
'00　日本一周(右回り)　｝（日本船） '01　日本一周(左周り)
'04　東シナ海　　　　（イギリス船）
他，フェリー(トルコ)，ミニクルーズ（各地域）　など

7回のクルーズと40の「港湾都市」巡り

この本の読み方について

1　世界の文化史と地理，そして『数学』

教科書数学や受験数学では，『数学』の中のごく一部しか扱っていません。(次ページの表)

"本来の数学" は，人間の文化・文明と大いにかかわり，それの発展に貢献してきました。右の世界地図から，想像してください。

この "本来の数学" を学ぶ方法の1つとして『**クルーズ**』(船旅)により，文化・文明の発祥，伝播，発達の拠点となってきた "地"「**港湾数学都市巡り**」があります。

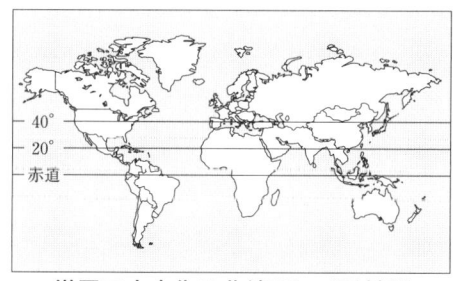

世界四大文化は北緯20°～40°地帯

内容の誕生・発展・消滅例

特定地域 ○幾何学（ギリシア）
　　　　 ○統計，推計（イギリス）
地域転々 ○数字，計算法
　　　　 ○三角比，確率
消滅内容 ○対数計算尺→電卓
　　　　 ○度　量　衡→計量法

そのために，世界の文化史と地理とを併学することが必要です。また，右上の表のような「数学内容」に関する知識も欠かせません。

2　「数学遺産世界歴訪シリーズ」での位置

著者の25年間，40回余の "数学ルーツ探訪世界旅行" によって得た研究図書中，初期5年間に『数学のドレミファ・シリーズ』(全10巻)──ロングセラー，ベストセラー──を著作しました。

今回，これらが品切れになったこともあり，順次，新装・大判化した

ものを発刊するにあたり,「6回のクルーズの体験をまとめた本書」もこのシリーズの中に加えることにしました。

前述のシリーズと異なる点は,船旅による『港湾数学都市40』を巡る新鮮で類書のない探訪記になっていることです。

3 わかりやすい展開と疑問への対応

新シリーズは,前著『ドレミファ・シリーズ』の新装・大判化したものなので,本書もできるだけそのスタイルを踏襲し,

道 志洋博士と,知人の兄妹である

高校生の**黎太**くん,中学生の**明美**さんの対話によって展開しながら,途中いろいろな疑問,質問に対して,解説,解答していく,という形式によります。この問答などから,

「数学に対する新鮮な感覚を育て,興味を高める」

という態度が身につけられていくでしょう。

領域＼内容	初等・中等数学 (約50内容)
1.数式	算術,算数,数論,整式,分数式,無理式
2.代数学	初等整数論,方程式,不等式,連分数,超越数,対数,行列,順列,組合せ,抽象代数
3.幾何学	初等(幾何学,以下略),平面,球面,画法,射影,座標(解析),近世,代数,微分,非ユークリッド,そして幾何学基礎論
4.解析学	関数論,無限級数論,微分学,積分学,実函数論,微分方程式,積分方程式
5.応用数学	統計学,確率論,推計学,ベクトル,計算機械,コンピュータ,O.R.,カタカナ数学,情報理論,暗号解読
6.総論	記号論理学,数学基礎論,数学遊戯,数学史,数学教育
7.その他	三角比,公理主義,和算,洋算

目　次

この本を読まれる方へ　……………………… *1*

船―港―旅

この本の読み方について　……………………… *3*
    1　世界の文化史と地理，そして『数学』　…… *3*
    2　「数学遺産世界歴訪シリーズ」での位置　… *3*
    3　わかりやすい展開と疑問への対応　……… *4*

序章　『クルーズ』インフォメーション ……………… *11*

  1　旅の目的・種類　*12*
  2　『クルーズ』に関する紹介・情報　*13*
  3　日帰り「内陸部数学都市」巡り（OP）　*18*

第1航路　エーゲ海の島々とアテネ ……………… *19*

  1　"数学論理"の始まり「サモス島」　*20*
    1　ギリシア民族と論理　*20*
    2　サモス島の商人ターレス　*22*
    3　寓話作家イソップの"邪説"　*25*
  2　作図の三大難問「デロス島」　*26*
    1　ギリシア民族の団結『デロス同盟』　*26*
    2　アポロンの神の"御神託"　*27*
    3　作図の三大難問　*28*
  3　植民地での論理「二大対立都市」　*29*
    1　"邪論の祖"は**クレタ島**のエピメニデス　*29*
    2　「**クロトン**」のピタゴラス学派　*30*

  3　「エレア」のエレア学派とツェノン　*32*

 4　プラトンの論理混沌打開策「アテネ」　*34*

  1　アテネ市内の「街の教育者」ソフィスト　*34*

  2　アカデミアの森の『プラトン学園』　*35*

  3　論理混沌の打開策　*35*

 ◆船内お楽しみ①　船内見学　*36*

 ∫できるかな？　*36*

第2航路　ナイル河 上・下流の要地 　*37*

 1　世界最古の文化地「ナカダ」　*38*

  1　"文化民族"の定義と『数学』　*38*

  2　「上エジプト文化」は，"金"と交易　*40*

  3　ナイル河を上下した古代船　*41*

 2　エジプトはナイルの賜　*42*

  1　水位計と巨石の町「シェーネ」　*42*

  2　『縄張師』の基本作図　*43*

  3　『ピラミッド』建設の経緯　*44*

 3　『アーメス・パピルス』の内容と「テーベ」　*45*

  1　エジプト数字と単位分数　*45*

  2　文章題の解法と"仮定法"　*48*

  3　例題数84のタイプ　*49*

 4　百万都市「アレキサンドリア」の数学者　*50*

  1　『原論』の著者ユークリッド　*50*

  2　地球測定のエラトステネス　*52*

  3　円周率研究のアルキメデス　*53*

 ◆船内お楽しみ②　趣味教室　*54*

 ∫できるかな？　*54*

目次

第3航路　イタリア半島周辺と西地中海 ……………… 55

1　"十字軍"搬送基地ベネチア，ピサ，ジェノバ　56
　1　イタリア半島の海運都市国家　56
　2　三大港の"十字軍"への協力と利益　57
　3　中東トルコから輸入したもの『計算書』　58

2　内陸都市，花の「フィレンツェ」　59
　1　アルノ河中流の大都市　59
　2　絵画での遠近法　60
　3　彫刻での黄金比　60

3　半島の「美しい西海岸線」を北上　61
　1　古代からの別荘地エレア　61
　2　「ナポリを見て死ね！」とポンペイ　62
　3　再びピサの街，ガリレオ　63

4　"コート・ダジュール"（紺碧海岸）の繁栄都市　64
　1　超小国家モナコと賭博（カジノ）　64
　2　ニースと周辺都市で活躍，7人の画家　66
　3　フランス第2の都市マルセイユ　67

◆船内お楽しみ③　手品教室，他　68
∫できるかな？　68

第4航路　イベリア半島，大西洋諸島 ……………… 69

1　バルセロナとガウディ　70
　1　『聖家族教会』と魔方陣　70
　2　ドイツの版画家　デューラー　72
　3　『メートル法』の南の基点　73

2　カナリア，マデイラ諸島とコロンブス　74

     1　コロンブスの生涯　*74*

     2　"地の果て"といわれたカナリア諸島　*75*

     3　「大西洋の真珠」フンシャルのマデイラ諸島　*76*

  ❖航海のつれづれ　船内写真　*77*

  3　大航海時代の危険と収穫　*78*

     1　新航路の開拓と属州，植民地　*78*

     2　安全航海のための『計算師』発生　*79*

     3　演算記号＋，－，×，÷の誕生　*80*

  4　第二次世界大戦とビスケー湾　*81*

     1　作戦計画は素人集団『科学チーム』　*81*

     2　統計，確率大活躍の成果　*82*

     3　ドイツ『Uボート』とスウィープ方式　*83*

  ◆船内お楽しみ④　華麗なショーや演芸　*84*

  ∫できるかな？　*84*

第5航路　北海，バルト海の『ハンザ都市』…………… *85*

  1　かつて世界の中心ロンドン　*86*

     1　伝染病から『統計学』　*86*

     2　大火災から『保険学』　*88*

     3　農事研究から『標本調査』　*89*

  〔余談〕ヨーロッパの2つの"目"ロンドン，パリ　*90*

  2　『ハンザ同盟』と盟主リューベック　*91*

     1　『ハンザ同盟』の成立　*91*

     2　北方貿易と南方貿易　*92*

     3　商人に不可欠な"商業算術"とその中身　*93*

  3　街の人々の興味，ケーニヒスベルク　*94*

     1　易しい大難問"7つ橋渡り問題"　*94*

         2　解決方法から「一筆描き」パズル　*96*
         3　『位相幾何学』（トポロジー）の誕生　*97*
   4　西欧をさまよった『確率論』とペテルブルク　*98*
         1　一攫千金！　イタリア港湾都市での賭博　*98*
         2　フランス貴族のトランプ遊戯　*99*
         3　ロシア留学生から『ペテルブルク学派』まで　*101*
   ◆船内お楽しみ⑤　ゆったり時間　*102*
   ∫できるかな？　*102*

第6航路　アメリカ西海岸とメキシコの古都 …………… *103*

   1　まず，ゴールデン・ゲート・ブリッジ（金門橋）　*104*
         1　日付変更線の怪　*104*
         2　ゴールデン・ゲート・ブリッジの幾何学美　*106*
         3　**サンフランシスコ**のケーブルカー　*107*
   2　**カリフォルニアの不思議**　*108*
         1　バークレー校の国際会議場展示の数学教具　*108*
         2　ヨセミテのミステリー・スポット　*110*
         3　サクラメントの州都祭の観覧車　*111*
   3　**ロサンゼルス周辺のドリームランド**　*112*
         1　不夜城のラスベガス　*112*
         2　夢の国ディズニーランド　*113*
         3　見事な芸　シー・ワールド　*115*
   4　**メキシコの古都巡り**　*116*
         1　メキシコシティとスペイン　*116*
         2　太陽，月の遺跡テオティワカン　*117*
         3　『暦のピラミッド』のチチェン・イッツア　*118*
   ◆船内お楽しみ⑥　専門写真屋と展示室　*120*

♪できるかな？　*120*

第7航路　日本列島一周と東シナ海　……………………… *121*

1　まずは北上（反時計回り）　*122*
1　函館はペンタゴン　*122*
2　富山は近世の「情報集積」地　*124*
3　新宮は江戸大火のささえ　*125*

2　次は南下（時計回り）　*126*
1　唐津は中国・西欧への"窓口"　*126*
2　隠岐に伝わる秘話　*127*
3　金沢は加賀百万石　*128*

3　東シナ海の主要都市　*129*
1　横浜⇒鹿児島⇒杭州　*129*
2　台北と周辺の名所　*132*
3　香港，ショッピング以外の顔　*133*

4　"韓国"近くて遠〜い半島　*134*
1　朝鮮半島と日本　*134*
2　日本への貢献　*135*
3　韓国へ"御礼参り"の旅を！　*136*

◆船内お楽しみ⑦　船内散策　*137*

♪"できるかな？"などの解答　*138*

おわりに　*146*
遺題"大学入試問題"　*147*

＊イラスト・筧　都夫

10

序章

『クルーズ』
インフォメーション

『クイーン・エリザベス2世号』
——世界に誇る"海の貴婦人"——

著者は，ここの『スイート・ルーム』で8日間過ごす。
（写真は，船内で購入した絵葉書より）

1
旅の目的・種類

大ローマ帝国時代の名言！
「すべての道はローマに通じる」は"旅"を見えるようにしましたが，江戸時代の参勤交代のための五街道も"旅"を発展させました。

しかし，なんといっても長さで有名なものは漢代から1000年間の

シルクロード（絹の道）
―19世紀，ドイツ人リヒトホーフェン命名―
といえるでしょう。

陸・海のシルクロード

これは「陸の道」で，馬やラクダなどによる荷の運搬でした。

ところが紀元10世紀頃に，

海のシルクロード

ができると，早さ，運搬量などの点で陸より勝り，とって代るようになったのです。

やはり**船**です。

さて，旅の目的は，百人百様，千差万別でしょうが，大別すると上のようなものが考えられます。

1. 文化遺産などの見学 ⎫ (1)
2. 各種の研究調査　　 ⎭
3. 外国人との交流　　 ⎫
4. 異国社会への認識　 ⎬ (2)
5. 自国の再発見　　　 ⎭
6. 観光，巡礼　　　　 ⎫
7. ショッピング　　　 ⎪
8. グルメ　　　　　　 ⎬ (3)
9. 娯楽・慰安　　　　 ⎪
10. その他　　　　　　⎭

(1)は，学問（絵画，彫刻，建築なども含む）の研究。
(2)は，広く視野を広げる興味・知識に関するもの。
(3)は，いわゆる楽しむ旅（グルメ，ショッピングなど）。仲間内の親睦など。

ところで，あなたが旅をする場合は，どんな目的でしょうか。

2

『クルーズ』に関する紹介・情報

1 豪華客船と構造

一般にクルーズの豪華客船は,

洋上のホテル

浮かぶ小都市

と呼ばれる大きな船で

- 2〜10万トン
- 全長160〜300メートル
- 高さ8〜13階建て
- 収容人数600〜3000人
  （内，約30%〜50%が乗組員）
- 日常生活に必要なものは，ほとんど完備

という規模のものがふつうです。

優美な初代『飛鳥』と著者（左）

船舶概要(例)主要目

総トン数	21,903トン
主機関	ディーゼル10,450馬力×2
全　長	166.6m
喫　水	6.6m
定員(最大)	184室　532名
乗組員数	約190名
全　幅	24.0m
船内電圧	100ボルト/60Hz

また，一口に『客船』と呼ばれるものに次の種類があります。

客船
$\begin{pmatrix} \circ 旅客 \\ \circ 車客(フェリー) \\ \circ 貨客 \end{pmatrix}$ $\begin{cases} 国　際 \\ 航路船 \end{cases} \begin{cases} 長\ 国際航路船 \\ 短\ 国際航路船 \end{cases}$
$\begin{cases} 国　内 \\ 航路船 \end{cases} \begin{cases} 沿岸航路船 \\ 鉄道航路船 \\ 渡船 \end{cases}$

ミニクルーズの快速艇
（ギリシア）

2 船室番号

船室の番号は，たとえば「842」というとき，8は階，4は船の前方，そして末位の数は偶数は左舷，奇数は右舷を表わします。たいへんわかりやすい方法であるし，数学的なのです。

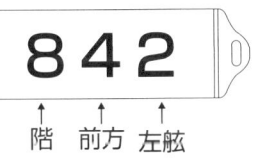

3 施設などの配置

豪華客船には，客室の他，実に数多くの施設，設備があります。

(1) **観　劇　系**　ショー，寸劇場，音楽室，映画館，大ホール
(2) **スポーツ系**　ダンス・ホール，ジム，プール，卓球室，甲板遊戯
(3) **慰　安　系**　カジノ，手品教室，カルチャー教室，バー，茶室

下は，世界最大級の豪華客船の1つ，『クイーン・エリザベス2世号』

クイーン・エリザベス2世号　デッキ・プラン

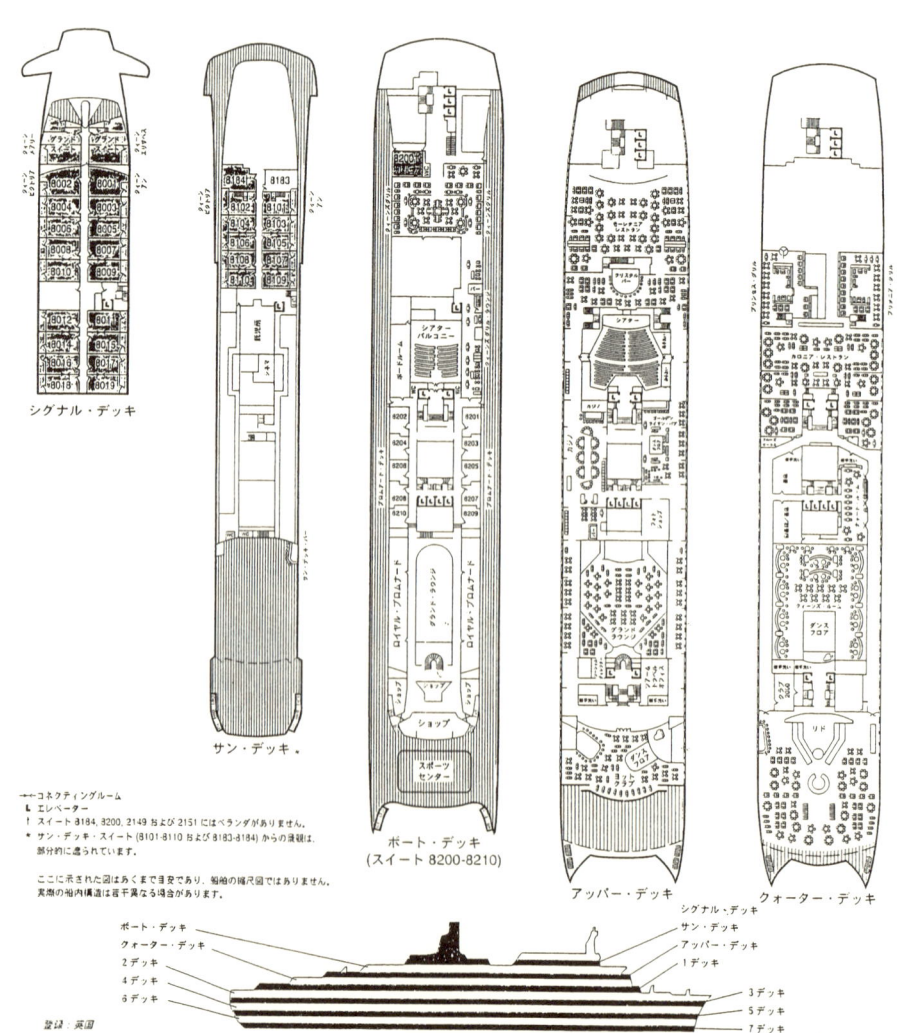

(4) 休息系　図書室，レスト・コーナー，売店，医療・美容室，大浴場
(5) その他　サロン，洗濯場，案内所，郵便局，交換所

のデッキ・プランです。(注)著者のキャビンは1031です。どこでしょう。

仲田様のキャビン：1031

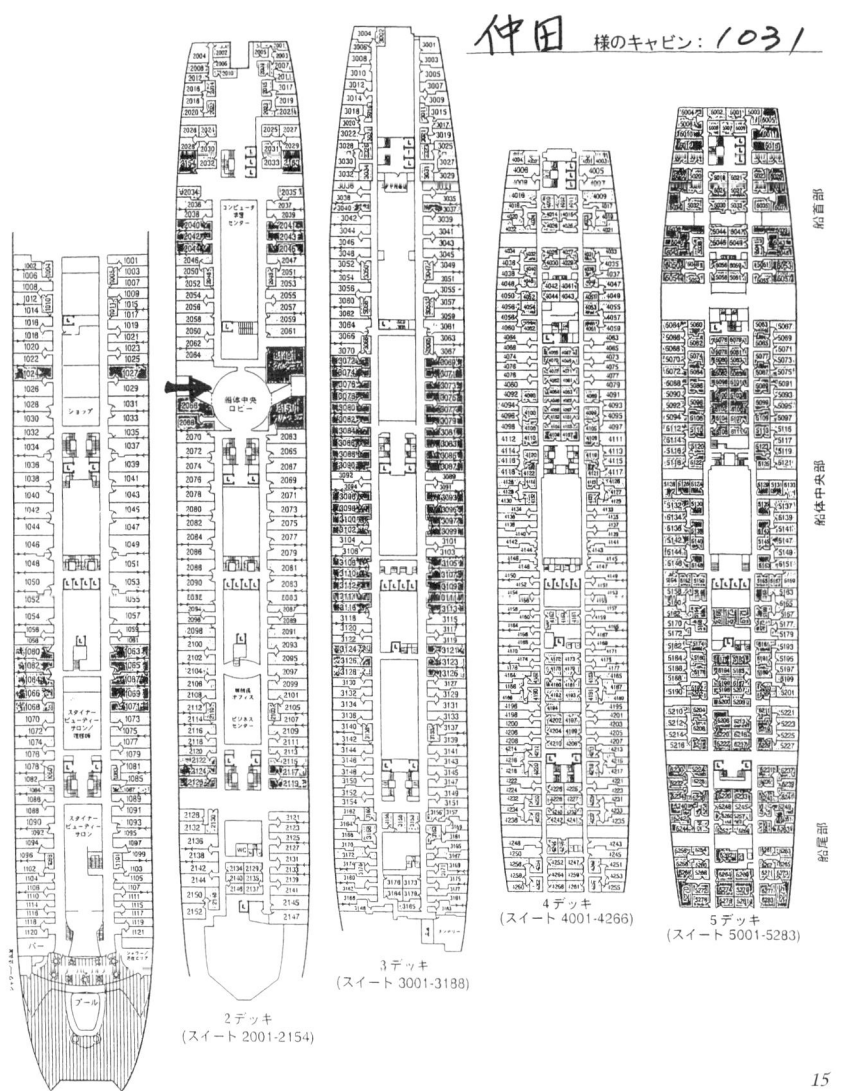

前ページは各階層別の見取図ですが，下は『クイーン・エリザベス2
っては利用しやすい案内図です。さてここで『クルーズ』の特徴をまと

(1) ｛ 定住性……荷物を持ち歩かなくてすむ。
　　　安全性……囲まれた世界で犯罪の心配不要。
　　　自由性……気楽に外国人を含む未知の人と交際できる。
(2)　内外の情報が，船内新聞・TVや連絡誌で知らされる。

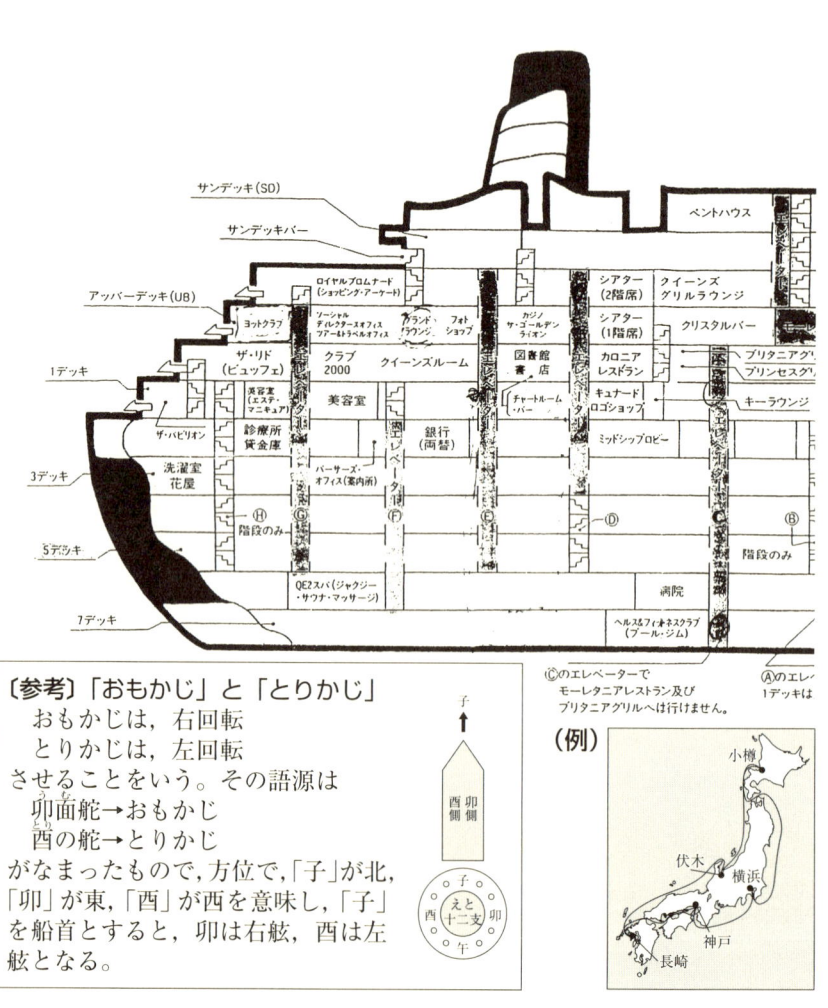

〔参考〕「おもかじ」と「とりかじ」
　おもかじは，右回転
　とりかじは，左回転
させることをいう。その語源は
　卯面舵→おもかじ
　酉の舵→とりかじ
がなまったもので，方位で，「子」が北，
「卯」が東，「酉」が西を意味し，「子」
を船首とすると，卯は右舷，酉は左
舷となる。

序章 『クルーズ』インフォメーション

世号』の断面図になっています。つまり，施設，設備中心で，乗客にと
めてみますと，

(3) 夜の会食・会合が盛大で，そのとき3種類のドレス・コード（服
装規定）がある。主として夕食後。
 ┌ フォーマル（船長招待など）
 ┤ インフォーマル（やや正装）
 └ カジュアル（自由な服装）

(4) 乗客証があり，船の乗下船に使う。
(5) カジノ用船内通貨(紙幣)がある。
 (P.64)

『フォーマルの会』の正装
―カクテル片手の会場―

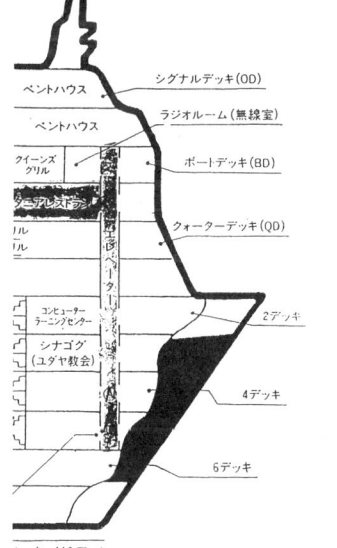

（イギリス）

乗船証（パスポート）

（日本）

〔参考〕

日本一周は約10日間。

世界一周は約100日間。

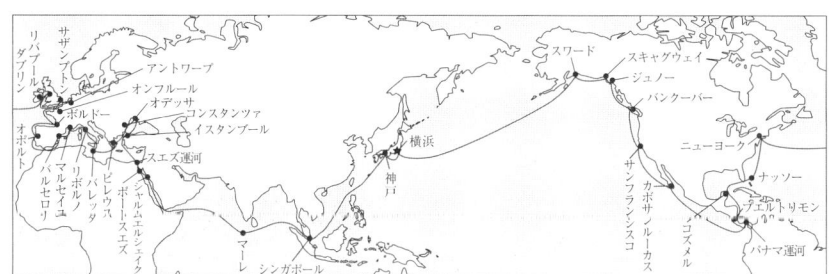

3
日帰り「内陸部数学都市」巡り（OP）

　客船が港に着くと，船会社が用意した有料の「オプショナル・ツアー」（何種類かある）が始まります。もちろん，参加は自由。これは，
　　○目的……いろいろな見学，研究・調査，娯楽，宗教
　　○場所……遺跡，名勝地，ショッピング，グルメ，巡礼
　　○行動……徒歩，電車，シャトル・バス，定期バス，タクシー
　　○時間……1〜2時間コース，半日（昼食前後）コース，一日コース など
船着場（埠頭）は空港同様，街から少し離れた地域にあります。

　そのため，市内に行くには，上に示すようないろいろな方法がありますが，**オプショナル・ツアー**——船会社でいくつかの企画を示し，希望者を募集してツアーを組みます——に参加するのが安心，簡便なのです。

（例）
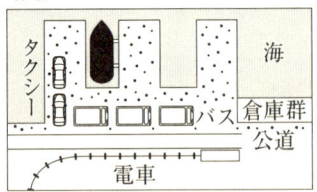

　このとき一番気を使うのは，目的地で解散し，自由行動になりますが，一定時間後，定まった場所に集合するのに遅刻しないようにすることです。船は出航する時刻がきまっているので遅れると大変です。

　もちろん，地図をたよりに一人あるいはグループで街へ出かけるのも楽しいものです。私は，「数学ルーツ地」を探訪したりします。

ツアー例

　○物資，産物の集積都市 $\Big($ ロンドン / 松前

　○名勝，観光都市 $\Big($ ローマ / 金沢

　○文化・文明・学問都市 $\Big($ ポンペイ / 長崎

乗下船する乗客

第1航路

エーゲ海の島々とアテネ

数学に関係する島々

1

"数学論理"の始まり「サモス島」

1 ギリシア民族と論理

道 博士 クルーズのことがわかったから，いよいよ航海に出発だ。

黎太くん 第1航路はどこでしょう？

明美さん それは景色の美しいところですネ。で，エーゲ海よ。

道 博士 このクルーズは，**"数学ルーツ探訪"** が目的だから，まずは数学の背骨の『論理』の地から出発するとしたい。

数学の背骨は『論理』

黎太くん でも，数学といえば，その内容に計算，文章題，統計，……などあり，証明を除くと論理だけではないでしょう。

明美さん "図形の証明"は完全に論理ね。でも方程式や関数なんて，――。論理はないみたい。

道 博士 そこが，君たちの勉強の仕方が悪い，というか教科書や教え方の欠点だね。いまだにいい大人が，（数学＝数字，計算）という人がいる。

黎太くん では，「数学とは何か？」に一言で答えるとしたら――。

明美さん 算数は，「日常生活に必要なことを学ぶ」のが目的でしょう。

道 博士 **数学**を学ぶ目的は論理で，これを学びやすくするのに，材料として，数や図形を用いる，と考えるのがいい。だから，いま2人があげたいろいろな数学内容も，その**背骨に論理**がある。イヤ，その意識がなく勉強しているなら，「数学を勉強している」といえないネ。

黎太くん ァァそーか。厳しいナ。これまで，考えていなかった。

明美さん　"図形の証明"（幾何学）の発祥地が，ギリシア民族によったのがわかるようですね。

黎太くん　古代ギリシアは，理想的な民主主義社会であり，人々は議論によって政治，社会などを運営していった，というのでしょう。
　　そのために『説得術』が大いに発展したんですね。

道　博士　中学1，2年生頃から"反抗期"が始まるだろう。これも良く解釈すると，「1人の人間としての独立運動」で，そのため自分の主張を正当化するのに周囲の人（親や先生）を説得をする，これが反抗期さ。

黎太くん　昔を想い出してみると，ボクも反抗期にずいぶん無茶な論理（説得）を言い続けたように思います。自分では"正しい"と思っていたけど—。

明美さん　つまり，説得術の中には，論理的でないものがある，ということでしょう。

道　博士　数学のように，論理をもって説得するのが**論証**　　　だ。
　　　　　物理のように，事実をもって説得するのが**実証**
　　これ以外の説得方法にもいろいろあるが，マユツバものが多いね。

黎太くん　悪いセールスマンや悪徳商法の中には，お客を**催眠法**という「目くらまし」で説得するのがあります。「近所の皆様も買っています」とか，テレビでくり返し宣伝するのもクサイし—。

明美さん　悪い政治家や高級官僚，社長などの**強引法**や論理のスリカェには，ただただ感心してしまうズルサがありますネ。

道　博士　よし，ではこれらをまとめてみよう。

―― 説得術のまとめ ――

1．正攻法
○論証　｝証明
○実証

2．催眠法
○相手に合わせる。
○相手をおだてる。
○「みんなも」と共感させる。
○"くり返し"で信じさせる。

3．強引法
○数字を並べたてる。
○「立板に水」でしゃべる。
○名言，諺を使う。
○カリスマ性を示す。

2　サモス島の商人ターレス

道　博士　ギリシア民族にとって説得術（論理）が大切であることは，2人にもわかるだろうが，その出発点「幾何学開祖」ターレスがいたのが，エーゲ海の東端にあるサモス島であったのを，フシギに思わないかい。

黎太くん　地図によると，ギリシアのはじの方なので，フシギは島の位置というより，ターレスという人物なのでしょう？

明美さん　博士，ターレスの生涯について教えてください。

道　博士　私の調査で得たターレス像を表にまとめてみると，右のようになる。つまり，多才で知恵があり，裕福な生活から大きな事業ができた，と考えられるネ。

黎太くん　偶然ではないんですね。ターレスの才能が築きあげた結果といえるか。

明美さん　いろいろな伝説や逸話があるのでしょう。

黎太くん　前に読んだ本に，（上の(1)から）
① 紀元前585年5月28日を日食と予言する。
② 海に浮かぶ舟までの距離を測った。
③ 星空を眺めて歩きドブに落ち老婆に笑われた。

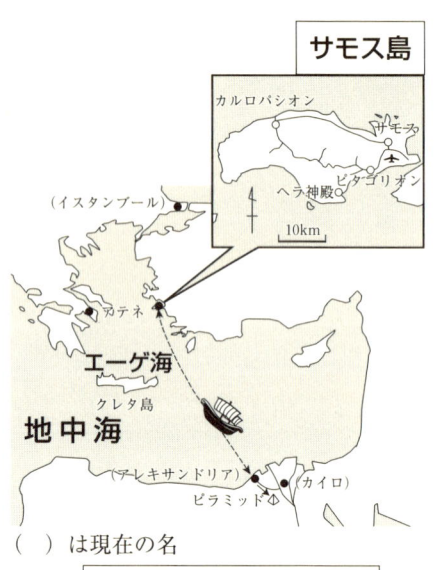

（　）は現在の名

紀元前6世紀　ターレス

ギリシア人	→論理的性格	
天文学者	→測量技術	(1)
商人	→広い知識	
エジプト旅行	→作図法	(2)
学者的発想	→学問化	(3)

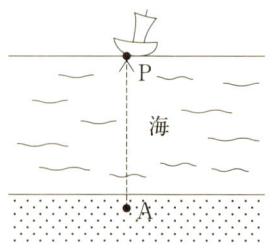

質問　APを求めよ。

道　博士　よくおぼえていたね。天文学者なので，来年の天気が予想でき，「オリーブが豊作になる」と考え，搾り器を買い占め，その結果大儲けをした，という商才も発揮している。この商才で，近隣諸国との交易をし，やがてエジプトへ行ったのだ。

明美さん　この地で，優れた伝統ある**測量術**（作図法）に感心し，これを勉強した，というのですね。

黎太くん　このときの逸話が，「ピラミッドの高さの測定」でしょう。

　エジプト王の命令なのに，家来の誰もが測定できない。このときターレスが棒1本で測った，という有名な話です。

道　博士　正四角錐といえば面が斜面なので，測量は難しい。やはりターレスの頭は非凡だよ。

質問　高さAHを求めよ。

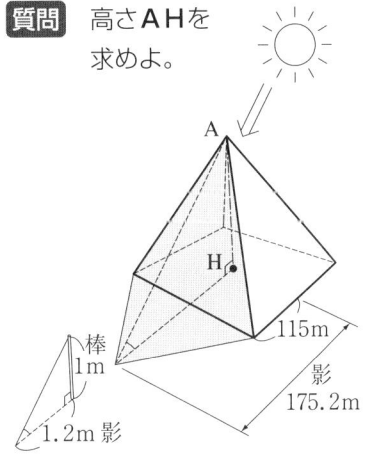

さて，エジプトの測量術——長年，測量専門家の『**縄張師**』が作りあげた技術——とは，杭と縄，つまり"直線と円だけ"の作図法だ。

ここで2人に，平行，垂直，直角，角の二等分の作図をしてもらうよ。

明美さん　やさしいのは私の担当よ。

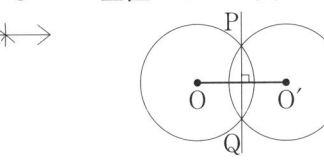

平行—ひし形をつくる　　垂直—2つの交わる等円

黎太くん　簡単だよ。

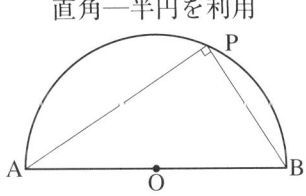 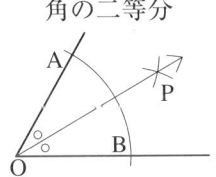

直角—半円を利用　　　　角の二等分

道　博士　2人ともよくできたね。こうした基本作図ができると, これらの組み合わせで, 相当難しい図形の作図もできる。

　　さて, 再び船に乗ってサモス島にもどったターレスは, 学者として『**測量術**』（作図法）を学問の形にまとめた。

黎太くん　いわゆる幾何学の**定理**ですネ。

明美さん　エエ〜〜〜ト。定理ってどんなものだったっけ？

黎太くん　忘れたの。

　　定理とは,「証明された図形の性質のうち, 今後しばしば使うことがある性質のもの」サ。たとえば,
- 三角形の内角の和は180°（2直角）。
- 平行四辺形の2つの対角線は互いに二等分する。
- ひし形の対角は等しい。

など。

道　博士　では「**ターレスの定理**」を教えてあげよう。

(1)　円は, その直径で二等分される。

(2)　対頂角は等しい。

(3)　二等辺三角形の両底角は等しい。

(4)　2角とその間の辺が等しい2つの三角形は合同。

(5)　相似な2つの三角形の対応辺は比例する。

(6)　半円にできる円周角は直角である。（前ページ）

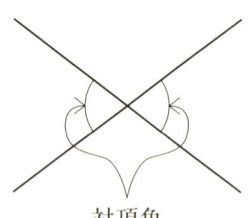

対頂角

考えてみると, 現在中学生の図形にある定理だネ。ナント2600年も前につくられたものだ。（ふつう「ターレスの定理」というと(6)をさす）

黎太くん　エジプト人は,「正確に図ができればいい」としたが, ギリシア人は「ほんとうに正確なのか？」を追求したわけですね。

明美さん　ナゼ, ドウシテ, ほんとうなの, と考え続けることが必要なんですね。"理屈っぽい"というか, 厳密やさんというか。

質問　「対頂角は等しい」の証明をせよ。

3 寓話作家イソップの"邪説"

明美さん 有名な『イソップ物語』の作者イソップが，このサモス島でしかもターレスと同時代に生きていたことを，ある本で知ったとき，ビックリしました。

イソップは奴隷だったけれど，「寓話作家」として有名になったことで自由民になった，といいます。

道 博士 『**イソップ寓話集**』は，イソップの死後300年してデメトリスが約360話に集大成した，というが，この話の特徴は，次のようなもので，基本的に"邪説"であり，ターレスの"正論"とは対照的なものなのさ。

擬人法の論理
○皮 肉　○反 抗 ○風 刺　○詭 弁 などを，ユーモアを交え，動物を使って語るもの。

黎太くん イソップは"ひねくれ者"だったのでしょうね。

明美さん 本によると，みにくい顔をし，身体が不自由で貧しい育ち，もちろん奴隷だから財産もない。

それが原因ではないでしょうが，「すね者」だったのネ。

道 博士 金持ちで，頭も顔も良い，また社会的にも身分の高いターレスとはまさに両極。

だから考え方も，**正論と邪論**と対立的になったのだろう。

黎太くん ギリシア民族は『論理』重視だけれど，論理の中に，"邪論"もあるとは知りませんでした。

道 博士 このサモス島で始まった対立が，このあと延々と300年間も続き，それによって『論理』が純化，整理されて，苦難の末ユークリッドによって『**幾何学**』（原論）が完成するのだよ。

2

作図の三大難問「デロス島」

1　ギリシア民族の団結『デロス同盟』

黎太くん　博士，サモス島の次は，どの島へと航海するのですか？

明美さん　サモス島は，オリーブとブドウの緑の島の上，港町も美しく，とても良いところだったそうですが，次の島はどこでしょうか？

小さな船着場

道　博士　古代から有名な島なんだが――。美しさでは期待できない，デロス島だ。

長く，またいまも，「無人島」の上，小さな島で小さな船着場しかない。だから，大きな客船では行けないので快速艇によるミニ・クルーズということになる。

有名な獅子像

黎太くん　エーゲ海には大小数百の島があるというのに，ナンデ，そんな島に行くのですか？

道　博士　この島の"略史"（右の表）を見てごらん。古くは聖地であり，次にはギリシア各民族の相談所，協議会場ともいう『同盟』の場所になっている。

> **デロス島の略史**
> ○ギリシア神話の伝説的聖地
> ○紀元前7世紀頃盛期
> ○紀元前478年～404年まで
> 　『デロス同盟』の地（70年間）
> ○紀元前88年，ポントス王により破壊
> ○紀元前66年，海賊の攻撃で潰滅
> ○以降，無人島になる

明美さん　"ギリシア神話"って魅力がありますね。ここはアポロンの神？

道　博士　アポロンとアルテミス（双子）の生地ということだよ。

2　アポロン神の"御神託"

黎太くん　『デロス同盟』というのは，どういうものですか。また，数学と関係あるのでしょうか。

道　博士　2人は知っていると思うが，古代ギリシア民族は，アテネ，スパルタ，オリンピアなどのような都市国家（ポリス）の集合体なのだね。〔参考〕10世紀頃以降のイタリア半島でのピサ，ベネチア，フィレンツェ，ジェノバなどの『自由都市』が似ている。

明美さん　『ポリス』同士はよく争ったのでしょう。それなのに，同盟をつくったのですか？

道　博士　「兄弟垣(かき)にせめげども，外そのあなどりを防ぐ」という諺があるだろう。当時，強力な国ペルシアが，各ポリスを攻撃したので，それに対抗するため一致団結の計画を立て，デロス島に同盟の本部を置いた。ここは，各ポリスの代表者たち数万人に加え，労働者としての奴隷が1万人を超す人口過密島になり，大問題が起きた。

黎太くん　治安が乱れたり，不法者がふえたり，……。

明美さん　伝染病でしょう。昔はこれで人がバタバタ死んでるわね。

道　博士　その通り！　そこで病気をおさめるように，島のアポロンの神にお願いをしたネ。すると御神託が「神殿の祭壇（立方体）を2倍にすればおさまる」というものだった。

明美さん　そこで人々が知恵を出し合い，いろいろな立体を作りました。が――。どれも神様の意にそわなかった，というのでしょう。

神殿の祭壇（立方体）跡
――遠方は唯一の建物，土産物店――

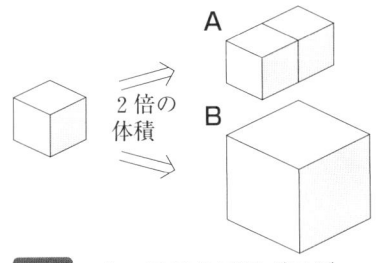

質問　A，Bそれぞれどこがダメか。

3 作図の三大難問

黎太くん 島の"伝染病問題"が，数学（作図）の問題になるなんておもしろいですね。

明美さん その結果はどうなったのですか？

道　博士 島の誰も2倍の立方体がつくれず，困った末，当時の有名数学者プラトンに相談に行ったという。

（注）この問題は19世紀に作図不可能が証明された。

黎太くん 『**作図の三大難問**』は，高校で右の3つと聞きましたが，作図の条件は"目盛りのない定木とコンパスの有限回使用"ですね。

(1) 任意の角の三等分
(2) 立方体の2倍の立方体
(3) 円と面積の等しい正方形

道　博士 ギリシアでは，ターレス以来，たくさんの幾何学者が輩出したが，その中に，**類推から発展**させる過程で，いろいろな問題が生まれたネ。（下はその例）

明美さん それがまとめられたのが『作図の三大難問』なのですか。

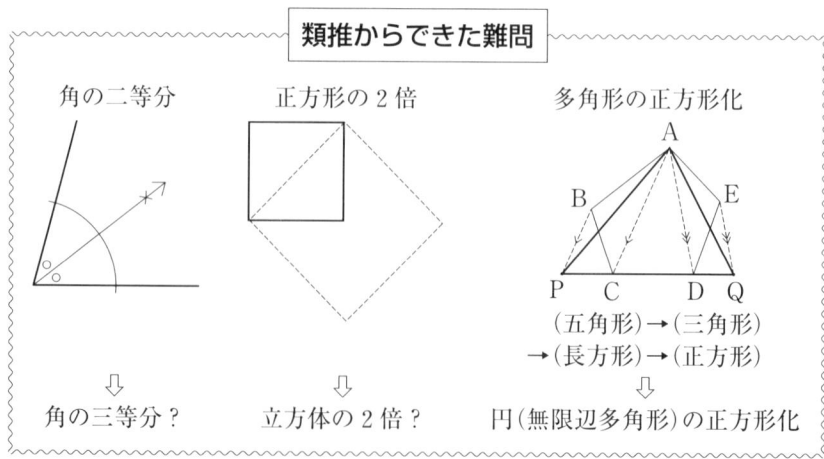

質問 右の三角形APQを，まず面積の等しい長方形にし，続いて正方形にせよ。

第1航路　エーゲ海の島々とアテネ

3

植民地での論理「二大対立都市」

1　"邪論の祖"はクレタ島のエピメニデス

道　博士　小さな船着場と昼間だけの土産物屋しかない荒野のデロス島から一転，エーゲ海最大の島クレタ島へ航行することにしよう。

黎太くん　古代有名な『クレタ文化』（紀元前2700年頃）の地ですね。

明美さん　すごく栄えた文化で，その中心の『クノッソス宮殿』は大地震で崩壊してしまったそうですが，博士ごらんになってどうでした？

道　博士　立派な色彩豊かな壁画や大きな幾何学模様の壺など，文化の高さを示すものがいっぱいあったよ。

黎太くん　このクレタ島と数学との関係は何ですか。

道　博士　紀元前6世紀，つまりターレスと同時代に，クレタ島の予言者で詩人のエピメニデスが，後世有名な次の言葉を残した。

　「クレタ人は皆，嘘つきである。」

このことから，彼は"詭弁学の祖"といわれている。

黎太くん　この言葉のどこが詭弁なのですか？

質問　これは新約聖書にものっているという。詭弁の理由をいえ。

クノッソス宮殿内の迷宮模型

地震で破壊されたクノッソス宮殿跡

2 「クロトン」のピタゴラス学派

道 博士 古代ギリシアでは，宗教上その他の問題で，生地にいられなくなり，他の地，特に植民地へと移住する人がいた。少し離れたイタリア半島には，海岸線にそって多くのギリシア植民地があったね。
　彼らは海洋民族なので，船での移動は大変ではなかったようだ。

黎太くん 18世紀頃，キリスト教国のイギリス，ドイツなどの新教徒（プロテスタント）たちが新大陸アメリカを目指して移住したのに似てますね。

明美さん "新天地への移住"ナンテ，夢がありますよ。

道 博士 ピタゴラスは，ターレスの約50年後，同じサモス島で生まれ育ったが，宗教上のことで領主に追放された。

黎太くん でも前に博士が生地サモス島に，ピタゴラスをたたえて**「ピタゴリアン市」**をつくり，博物館を設立した，と言ったでしょう。

道 博士 それは最近，この島の観光用に計画された事業の1つだよ。

明美さん で，ピタゴラスはどこへ移住したの？生地追放なんて，カワイソ〜〜〜。

**博物館前の
ピタゴラス胸像と著者**

（注）クロトン，エレアは，現在それぞれクロトーネ，ベリアと呼ばれている。

第1航路　エーゲ海の島々とアテネ

黎太くん　当然，新天地の植民地でしょう。

道　博士　御想像の通りで，この地図（前ページ）を見てごらん。サモス島からは遙か離れたイタリア半島の**クロトン**の地を選んだ。

明美さん　いいところなのですか？

学園跡。神殿の柱の先の方が静かな内海

道　博士　写真でわかるように，内海の静かな平地だったよ。（円柱と土台石しか残っていない）現在は「クロトーネ市」の郊外で，近くはリゾート地になっていて夏は避暑客も多い。市内にはローマ時代の城壁が残っている。最近，沖に油田が発見され，有名になったよ。

黎太くん　ここに学園を設け，自分の研究と弟子の養成をした，と。

明美さん　ピタゴラスの"**万物は数である**"は有名ですが，数にたいへん興味というか，神秘を感じていたのでしょうか？

道　博士　音階も"数の比"で表わしたりしたのも有名だね。マア，ここで彼の『数論』の一部を見てみよう。

ピタゴラスの『数論』

（例）

偶数・奇数	2で割り切れる数が偶数，1余る数が奇数		4, 5
素　　　数	1と自分自身以外に約数のない数		7, 11
不　足　数	約数の和が，もとの数より小　（自分は除く）		$8 > 1 + 2 + 4$
完　全　数	約数の和が，もとの数と等しい　（〃）		$6 = 1 + 2 + 3$
過　剰　数	約数の和が，もとの数より大　（〃）		$12 < 1 + 2 + 3 + 4 + 6$
親　和　数 （友　愛　数）	約数の和が，相手の数になる2数		220と284
三　角　数	数1を点●で表わしたとき三角形 （正三角形）になる数	●, ∴, …	……
ピタゴラス数	ピタゴラスの定理が成り立つ3数		3：4：5, 5：12：13

質問
(1) 不足数，完全数，過剰数の例を1つずつあげよ。
(2) 三角数，四角数の例をあげよ。また三角錐数とはどんな数か。
(3) ピタゴラスのつくった定理を調べよ。

3 「エレア」のエレア学派とツェノン

黎太くん 次の話は，**ピタゴラス学派**と対立した**エレア学派**ですね。
　地図を見ると"山越え"ですか？

陸上では約300kmの山越え。かつては，山に賊が出て危険地帯

道　博士 いやいや海洋民族だから，船によっている。この学派の代表パルメニデスたちは，強敵ペルシア人に追われ，紀元前540年頃，この地に定住したという。その点はピタゴラスに似ているが，哲学思想は正反対だ。

　　ピタゴラス系（正論派）は，万物は**流動**，**転化**が実相。
　　エ　レ　ア　系（邪論派）は，万物は**不変**，**永遠**の存在が真理。

明美さん 真向から対立ですね。この結着にのり出したのがエレア学派の高弟**ツェノン**というわけですか。

道　博士 この際，これまでの邪論系をまとめてごらん。

黎太くん "正論"ではない点で，右の2つです。

○紀元前6世紀
　サモス島のイソップの皮肉，風刺などの**邪説**
○紀元前6世紀
　クレタ島のエピメニデスの**循環論法**

明美さん 最近の美術界では，「あるようでない」といった**エッシャー**（19世紀）などの『騙し絵』，『トリック絵』などがありますね。

道　博士 数学的にいえばいわゆる**錯図**（邪論）でしょう。こんなのもおもしろいネ。

邪論系の視覚化

平行線？　　　　　大小ある？

3匹の蛇

無限階段

黎太くん ツェノンという人はどんな経歴の人物ですか？

道 博士 Zenon（紀元前490～430？）は，南イタリアのエレア学派の代表で，

「運動や多様を否定し，不変，不動，絶対静止の学説。」

出生その他はほとんど伝えられないが，宗教上のことで領主に死刑にされたという。

死刑のときの2伝説，
- 「秘密の話がある」と領主に近付き，耳に嚙みつく。首をはねられたあとも，首は耳にぶらさがっていた。
- 自分の舌を嚙み切り，領主に舌をはきつけたあと，ドゥッと倒れた。

明美さん 気の強い人ですね。

黎太くん 彼の逆説は，「正論派の流動，転化の矛盾」をついたものなのですか。

道 博士 この4つの逆説には"分割，連続，運動，無限，変化，時間"などの難問を問題にしているのさ。

これは，17世紀の『**関数**』

ツェノンの4つの逆説

1．アキレスと亀

「足の速いアキレスは，スタート地点が前方の亀に追いつけない，という話。」

いま，彼が亀のスタート地点まで来ると，亀はその時間分前方にいる。

2．二分法

「いま立つ位置から，前方のドアまで行くことはできないという話。」

ここからドアまでに中点があり，その中点までの距離に中点があり，……と無限の点が並んでいるので，有限の時間ではいけない。

3．飛矢不動

「飛ぶ矢は空中で一瞬止まっているので，飛ぶことは不可能という話。」

4．競技場

「2つのものが，左右に1つずつ動いたとき，固定位置からは1つの移動でも，動いたものどうしの差は2つなので，ある時間とその2倍の時間とは等しい，という話。」

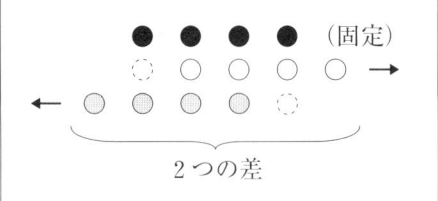

●　●　●　●　（固定）
○　○　○　○　→
←　○　○　○　○
　　　2つの差

（運動），20世紀の『**集合論**』（無限）まで数学界を悩ませ続けたよ。

4 プラトンの論理混沌打開策「アテネ」

1 アテネ市内の「街の教育者」ソフィスト

黎太くん エーゲ海最大の島「クレタ島」からいよいよギリシアの首都**アテネ**ですね。

明美さん 古代ギリシア時代でも"ポリス"アテネは同盟の盟主として、力をもっていたのでしょう。ここは**ソフィスト**で有名。

道　博士 紀元前5世紀頃から、アテネ市内に、"能弁・修辞の術"の知識を与える「知者、技芸の優れた人たち」(ソフィスト)が街頭で、庶民教育をし、尊敬を受けた。

黎太くん でも、ふつう**ソフィスト**というと『詭弁家』としてけいべつされていたのでは……。

道　博士 それは紀元前4世紀頃から、彼らが正論より邪論に傾き、いわゆる詭弁で人々を惑わしてバカにした風潮からさ。

明美さん 正統の教育機関もあったのでしょう。七自由科なんて有名です。

ギリシア市内の案内板

市内学問の中心
－左から、国立図書館、科学アカデミー、アテネ大学－

一口パラドクス
○例外のない規則はない。
○原則として私は原則に反対である。

古代ギリシア教育の七自由科

三学 ─ 文法──正確に
　　　　論理──筋道立てて
　　　　　（弁証法）
　　　　修辞──美しく

四科 ─ 数論──数の理論
　　　　幾何──図形の証明
　　　　音楽──音の数学化
　　　　天文──星の図形化

(注)中世キリスト教の神学校、僧院学校では上に加えて「神学」が学ばれた。

2 アカデミアの森の『プラトン学園』

黎太くん ターレス以来，200年間もの"正・邪対立"もそろそろ結着がつく頃でしょう。

道 博士 ここに**プラトン**登場！ さ。

明美さん 学園の入口に「幾何学を知らざるもの，ここに入るを禁ず」と立札をしたという厳しい先生ネ。

道 博士 当時の幾何学はまだ完成前のもので，「論理学入門」といったものだ。

　彼はソクラテスに学び，各地を旅し，40歳頃学園を創設（紀元前387）。

　哲学者としても有名だが，邪論派が"ゆさぶり"をかけた，右の7つの課題に取り組み，また**プラトン学派**を起こしてもいる。

『プラトン学園』跡
（アテネ郊外 遠くの山に神殿）

ゆさぶりの課題

- 分割　　○ 無限
- 連続　　○ 変化
- 運動　　○ 時間
- 循環（くり返し）

3 論理混沌の打開策

黎太くん 『ツェノンの4つの逆説』を思い出してみると，"ゆさぶり"の1つ1つが難題ですね。どうしたらよいかわかりません。

明美さん プラトンはこの難題にどう対応したのですか？

道 博士 プラトンは2つの方向から，打開を計った。

数学の研究対象

- 固定　　○ 有限
- 不動　　○ 不変

つまり，完成，静止，固体

(1) "ゆさぶり"の元凶となっているものを排除し，固定，不変など数学の研究対象を狭い範囲に限定した。

(2) アイマイさから起こる混乱を回避するため，数学用語を定義した。

質問 当時は点，線の定義をどのようにしたか。

船内お楽しみ ❶船内見学

多くの場合，
○ 乗船第一夜は，船長招待による"ウェルカム・パーティー"があり，人々が豪華けんらんな「フォーマル・スタイル」(P.17)で，楽しい初夜？　を迎えます。
○ ２日目は，終日航海。そこで船の幹部たちによるツアー客などに対する船内見学がおこなわれます。
　(1)　船内案内図を見ながらまずは操舵室や海図室。
　　　エレベーターで一気に船底に下って，「巨大プロペラ羽根」や船の心臓部に当たる，ものすごい騒音の機関室の見学。
　(2)　続いてお客にとって重要な大劇場，大食堂，シネマ館，カジノ場，集会場，……案内。
　(3)　「あとは御自由に！」
といった１時間ほどの見学会。

意外に広い操舵室

巨大プロペラ羽根（スクリュー）の予備

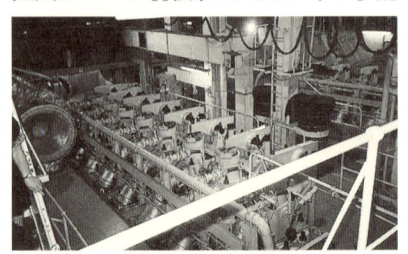

騒音の大機関室

(注) ２～３日目の慣れたところで避難訓練があったりする。

　　　　　　∬∬∬**できるかな？**∬∬∬
　船内での服装には，ドレスコードとして，①フォーマル（formal）②インフォーマル（informal）③カジュアル（casual）の３種がある。
　さて，数学での indivisible, inequality, infinity の意味を言え。

第2航路

ナイル河 上・下流の要地

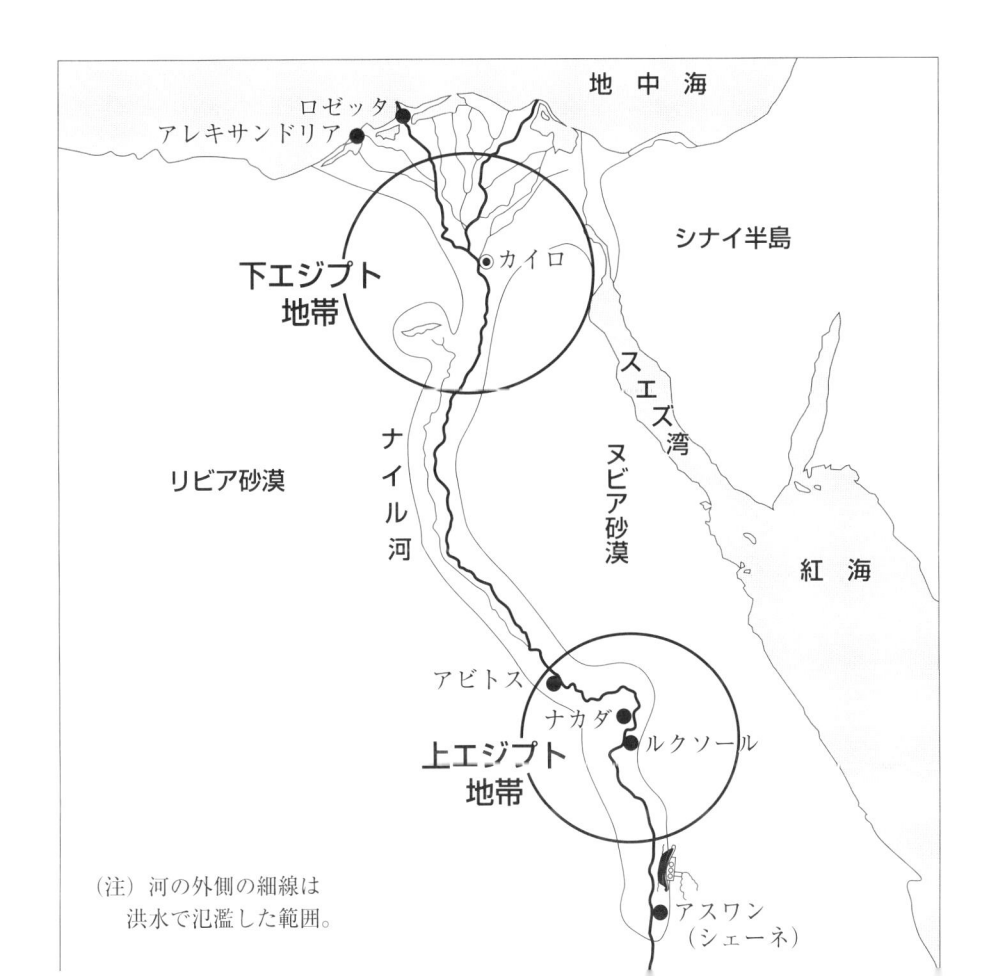

地中海
ロゼッタ
アレキサンドリア
シナイ半島
カイロ
下エジプト地帯
スエズ湾
リビア砂漠
ナイル河
ヌビア砂漠
紅海
アビドス
ナカダ
ルクソール
上エジプト地帯
アスワン
（シェーネ）

（注）河の外側の細線は
洪水で氾濫した範囲。

1
世界最古の文化地「ナカダ」

1 "文化民族"の定義と『数学』

道　博士　2人は"世界四大文化"というのを知っているだろう。

黎太くん　　○エジプト（ナイル河）
　　　　　　　○メソポタミア（チグリス・ユーフラテス河）
　　　　　　　○インド（インダス河）
　　　　　　　○中国（黄河）

ですべて大河の畔。しかも経度20°〜40°の温暖地域です。

明美さん　大体，いまから4〜5000年前といわれてますネ。

道　博士　『学校歴史』は，大きな誤りをしているんだ。実はこの世界四大文化時代より2000年も前に立派な**『ナカダ文化』**というのがあった。教えられてないね。
　右のエジプト古代史を見てごらん。

黎太くん　その「ナカダ」の遺跡はいまもあるのですか？

エジプト古代史

農耕生活は紀元前8000年頃から始まる。

(1)　新石器時代 $\begin{pmatrix} 前5000年 \\ 〜前3000年 \end{pmatrix}$

　ナカダ1期時代
　　近隣と交易
　ナカダ2期時代
　　上・下エジプトの対立抗争。首長の墓や壁画あり，土器の出土もある。
　ナカダ3期時代
　　オリエント諸地域の文化の影響が多くなる。

(2)　初期王朝時代 $\begin{pmatrix} 前3150年 \\ 〜前2986年 \end{pmatrix}$

　第1，2王朝

(3)　古王国時代 $\begin{pmatrix} 前2986年 \\ 〜前2181年 \end{pmatrix}$

　第3〜6王朝
　－ピラミッド時代－

（注）"初期王朝時代"以前を「先王朝時代」と呼ぶ。

ナカダ平面図（遺跡）

明美さん　ところで,「ナカダ文化」が,世界四大文化より古い,といい切る根拠は何ですか？ "古い"というだけなら,ほかに世界各地に古代文化があった地は多いでしょう。

黎太くん　ウン,なかなか良い質問だネ。ぼくもこの点疑問に思っていたんだ。つまり,"文化民族の定義"があるんだろう,と。

道　博士　2人の言う通りだ。

で,その一般的定義をまとめると右のようで,さらにその内容を見ると,『数学』をもっている民族ということになる。

文化民族の定義
(1) 集団定住で自給自足★
(2) 集団組織と長が存在
(3) 公共のため「税」徴集★
(4) 土家の墓地（宗教）
(5) 近隣民族との交易★

(注)「文字, 数字の使用」というのもある。

黎太くん　表の★印のものが,数学を必要とされることがらですね。

　　数量や**比率**, また物の**単位**

など。

明美さん　文化（文明）は数学にささえられている,ということでしょうか。

(注)エジプトで「旅行する」とは,「川を上る」「川を下る」と表現した。

運搬・航海用船

初期（パピルスの繊維）

盛期（木製, 帆も使う）

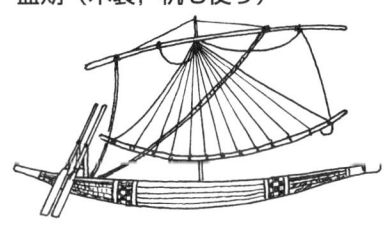

王朝以前の出土品と数学

○道具類や工作製品などに**絵や彫刻**

○壁画や土器に**幾何学模様**

○カゴ, 織物, アクセサリーなどに**図案**

最古の象形文字　ヒエログリフ

2 「上エジプト文化」は，"金"と交易

黎太くん "エジプトはナイルの賜"という名言がありますが，まねれば
"ナカダは金の賜"
ということでしょうか？

明美さん 古代人にとって，鉄，銅と並ぶ"金"の発掘は，急速に文化レベルを高めたのでしょう？

ナカダ附近の河畔

道 博士 現代の地図で，ナカダ附近にはテーベ，王家の谷，そして対岸にはカルナック，ルクソールなどあり，古代から活気を呈していたことがわかるネ。いわゆる"上エジプト文化"だ。

黎太くん ナイル河は，大河の上，夏期に大洪水になるので，"橋"がありませんから，対岸との交易はすべて舟や船でしょう。

明美さん この「上エジプト地帯」と「下エジプト地帯」とが，やがて交流するんでしょうが，いっそう両地域の行き来はたいへんだったでしょうね。

道 博士 民族の交流や統一は，歴史上数々あるが，なかなかの大問題で，ときには同一民族でも右の例のようにいろいろな事情で，対立，抗争だ。

内容	例
○ポリス闘争	(古代ギリシア / 近世イタリア)
○宗教対立	(現代各地)
○政治主義	(朝鮮半島，他)

明美さん 古代日本列島で
　｛ 北から移住し，定住した**縄文人**
　　 南や中国から来た渡来の**弥生人**
この両者がたいした闘争もなく**大和民族**として統一したのは，スゴイことですね。（弥生人は戦争を嫌った中国，韓国人の移住といわれる）

黎太くん 日本人は元来，「平和愛好の集団」なのさ。ところで，古代エジプト人はどうだったのですか？

第2航路　ナイル河　上・下流の要地

3　ナイル河を上下した古代船

道　博士　前に示した，古代史で，ナカダ２期時代（前4000年頃）上・下エジプト人たちの交流が始まり，ときに抗争もあったようだが，乾水期に**古代船**を利用しながら，だんだん交易が盛んになった。

やがて，「ナカダ」の下流にある「アビドス」出身の王が，この２つの土地の統一に成功した。その地名から**ティニス時代**（紀元前3100～2700年）と呼んでいる。

黎太くん　これがいわゆる**初期王朝時代**なのですネ。

それ以前の時代は**先王朝時代**か。やっと頭の整理ができた。

明美さん　私もよ。"エジプト"というと**ピラミッド**」の観念が強すぎたワ。

その次の時代が**古王朝時代**で，このときが「ピラミッド時代」といわれているのですね。

「ナカダ」の2000年以上もあとなの？

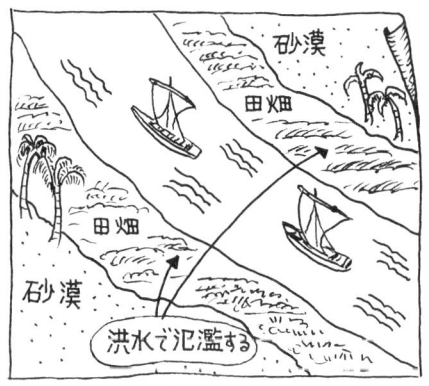

田畑の「砂漠ぎわ」に町や神殿，墓地などがある。
現在は，緑の田畑と砂漠の間に鉄道が走っている。

人や物資を運ぶ小船（想像図）

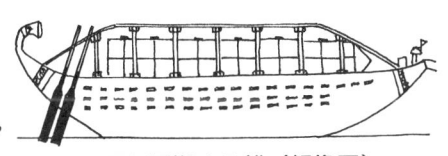

巨石を運搬する船（想像図）

質問　帆船は"向かい風"に向かって前進することができる。帆をどのように使ったらよいか。

41

2 エジプトはナイルの賜

1 水位計と巨石の町「シェーネ」

黎太くん 古代史を学んだあと,いよいよ海ではなく,河下りの**クルーズ**ですね。

明美さん 海と河では,クルーズ(客船)が違うのですか?

道 博士 船の構造などは客船としてはほとんど変わりはないが,一般的には小さく,船底も浅いね。

黎太くん ナイル河クルーズは,どこから出発ですか?

道 博士 エジプトは南の端の代表が『アスワン・ダム』(1967年完成)だから,この町から河下りすることにしよう。

明美さん **アスワン**は古代から有名な場所だったのですか?

道 博士 その昔は「シェーネ」と呼ばれた。この地は,

(1) エジプトのほぼ**南の端**
(2) ナイル河の氾濫を知らせる**水位計**(ナイル・メーター)があった。
(3) ピラミッドの巨石を切り出す**石切場**があった。

質問 もう1つ,シェーネが世界的に有名なことがある。それは何か。

現在のアスワンの町

有名な現代河川クルーズ

フランス { セーヌ河 / ロワール河
ドイツ { ライン河 / ドナウ河
日 本 隅田川
中 国 三峡ダム

など,ミニクルーズもある。

切りかけて止めた巨石
―現在,見学場所―

2 『縄張師』の基本作図

黎太くん 「シェーネ」(現アスワン)というとナイル河のずいぶん上流でしょう。ナゼ，そこに「ナイル・メーター」(水位計)があったのですか？

道 博士 現在は『アスワン・ダム』があって上流の水量を調節しているからよいが，古代は雨期に大雨が降り，41ページの図のように下流ほど洪水で大氾濫を起こす。

そこで，シェーネで水量を測り，洪水度合を予測し，下流の人たちに洪水対策をするよう知らせるのさ。

明美さん 農民たちは毎年のことで慣れているから，人的被害はないけれど，田畑は水びたし——。

黎太くん そこで，測量専門家の『**縄張師**』たちが，洪水後に区画復元と，被害(減税用)の調査をした，ということなのですね。

道 博士 その技術を学問的にまとめたのが**作図法**(これは古代ローマで重視)だよ。右が『基本作図』といわれるものだが2人で考えてごらん。

[質問] 右の6, 7, 9の作図をせよ。

ナイル・メーター

深い井戸状の穴
—水位計という
物指しがある—

基本作図

1．与えられた線分 AB と等しい線分 A′B′ を作ること。
2．角 A に等しい角 A′ を作ること。
3．直線 l とその上にない点 P から，P を通る l に平行な直線を引くこと。
4．線分 AB の垂直二等分線を作ること。
5．直線 l とその上の点 P で，P を通る l の垂線を作ること。
6．直線 l とその上にない点 P から，l に垂線を引くこと。
7．与えられた3点 A, B, C を通る円を描くこと。
8．与えられた角の二等分線を作ること。
9．与えられた線分 AB を弦とし，その上に立つ円周角が α であるような形の弧を作ること。

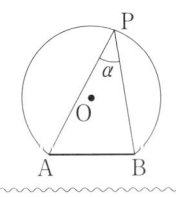

3 『ピラミッド』建設の経緯

道 博士 さっき明美さんが「エジプトといえばピラミッド」といったが、ピラミッド（火の炎）は、世界中、多くの古代、中世民族が、それぞれの形で作っている。マヤの**『暦のピラミッド』**など最高。

明美さん アア、そうなのですか。原始的にはトーテムポール、それにエジプトのオベリスク、イスラム寺院のミナレット、教会のポール（尖塔）、また、中国、日本の五重の塔、……など、人間は高いものを作りたがりますね。

黎太くん エジプトのクフ王のものは、高さ146m、底面の正方形の1辺は230mという巨大なものですが、それまでに何度も形が改良されています。

道 博士 この傾斜については、いろいろな伝説がある。4650年前、高さ90mのスネフル王のものは、完成間近なある日、ひどい豪雨が続き、ついに崩壊した。以後傾斜は43°のゆるやかなものになったという。

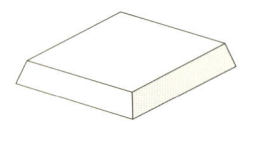

マスタバ 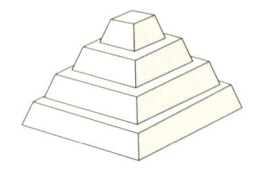
⇩
階段ピラミッド 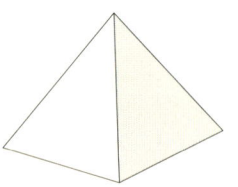
⇩
ピラミッド（正四角錐）

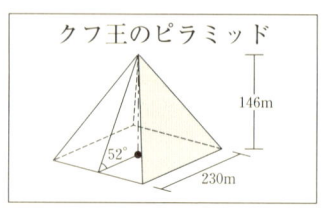

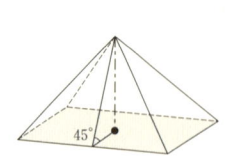

クフ王のピラミッド
146m
52°
230m

同底面積で傾斜の異なる正四角錐

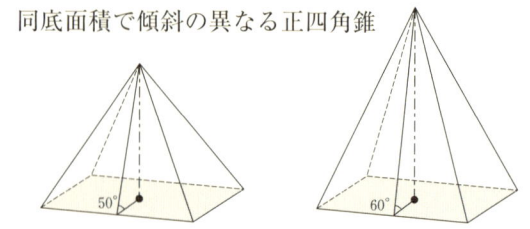

45°　　50°　　60°

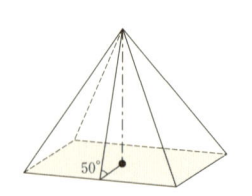

質問 傾斜45°、50°、60°について人間の反応はどうか。

第2航路　ナイル河　上・下流の要地

3

『アーメス・パピルス』の内容と「テーベ」

1　エジプト数字と単位分数

道　博士　さて，アスワンからナイル河を下り，古代から有名で古い，ナカダ，王家の王，ルクソール，テーベなどの，かつての上エジプト地帯に下船し，「オプショナル・ツアー」に参加することにしよう。

黎太くん　古代のどの民族も，10進法で，各桁は単位数字を1～9まで並べる**刻み記数法**が，原則になっていますね。いわゆる

I, II, III, IIII, $\overset{II}{II}$, $\overset{III}{III}$, ……

明美さん　無人島に20年間もいたロビンソン・クルーソーの記録そのもの。

道　博士　右の表が，エジプト独自の**象形数字**だね。

(注) シュメール（現イラク）は**楔形数字**。

明美さん　何か，とてもかわいいわね。

黎太くん　もっとも身近な測量とナイル河からその材料を選んでいるのがおもしろいし，楽しいナ。

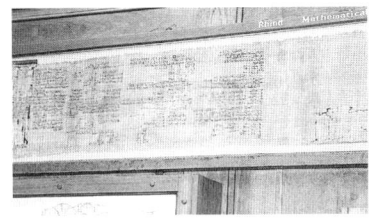

イギリス大英博物館内
『アーメス・パピルス』
（長さ5m，幅30cmの巻紙）

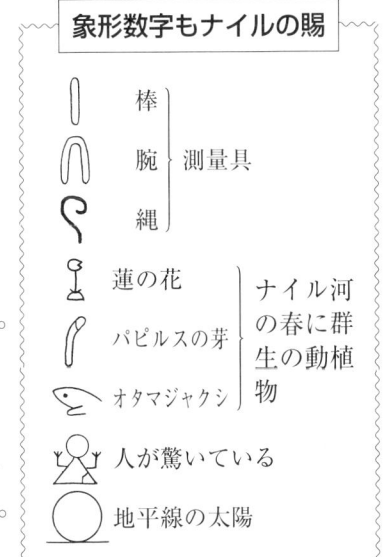

象形数字もナイルの賜

| 棒 |
| 腕 ｝測量具
| 縄 |

蓮の花 ｜
パピルスの芽 ｜ナイル河の春に群生の動植物
オタマジャクシ ｜

人が驚いている
地平線の太陽

道　博士　さてここで，現存する世界最古の数学書（巻物）**『アーメス・パピルス』**の中身について紹介することにしよう。

　この書は「テーベ」の廃墟から考古学者リンドが1858年に探し出したもので，別名『リンド・パピルス』とも呼ばれている。

明美さん　では，**アーメス**とはどういう意味ですか？

黎太くん　この数学書はいつ，どんな人が書きまとめたのですか。

道　博士　右の「エジプト史」の中の，中王国時代，南北エジプトのアメネムハット三世のとき，写字吏**アーメス**が，それまでの数学をまとめたもので，内容の項目は下の表のようだよ。この書の始めに，「正確な計算，存在するすべてのもの，および暗黒なすべてのものを知識に導く指針」としるされている。つまり，

　　　"知"への入門書さ。

　　　彼としては力作だったのだろう。

明美さん　3600年も前のことでしょう。スゴイ！

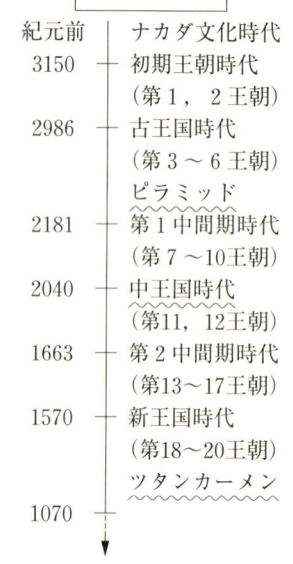

黎太くん　どんな問題か？　何題か挑戦してみたいですね。

エジプト史	
紀元前	
3150	ナカダ文化時代
	初期王朝時代（第1，2王朝）
2986	古王国時代（第3〜6王朝）
	ピラミッド
2181	第1中間期時代（第7〜10王朝）
2040	中王国時代（第11，12王朝）
1663	第2中間期時代（第13〜17王朝）
1570	新王国時代（第18〜20王朝）
	ツタンカーメン
1070	

『パピルス』の内容

例題

1〜6	基数を10で割る
7〜20	分数の乗法
21〜23	補数の問題
24〜29	aha−方程式
30〜34	分数の除法
35〜38	ヘカト（容積）の除法
39〜40	級数
41〜46	体積の問題
47	100ヘカトの分割
48〜55	面積の問題
56〜60	ピラミッドの問題

雑題

61	分数の掛算表
62	貴金属
63	パンの比例分配
64	等差級数
65	パンの分配
66	獣脂
67	牛群を数える
68	穀物運搬
69〜78	ペプス問題
79	等比級数
80, 81	ヘカトとヒニュー
82, 83	家禽の食糧
84	牛舎内の牛の食糧
85〜87	断片

質問　上の補数とは何か。また，等差級数と等比級数を説明せよ。

第2航路　ナイル河　上・下流の要地

明美さん　分数計算と文章題中心ですね。ああ，級数もある。

黎太くん　現代でも「分数のできない大学生」なんていう報道がありますが，昔から，**分数**は難しかったのですね。

道　博士　この『**アーメス・パピルス**』では相当量を使い，「分数の表」がある。たいへんだったのだろう。『古代数学史』でも分数表示は

　○シュメール　では，分子だけ書く。分母は60と一定。
　　（現イラク）

　○エジプト　では，分母だけ書く。分子は1と一定（単位分数）。

　○ギリシア　では，小文字のギリシア文字に，$\overset{ベータ}{\beta'}\left(\frac{1}{2}\right)$，$\overset{ガンマ}{\gamma'}\left(\frac{1}{3}\right)$，$\overset{デルタ}{\delta'}\left(\frac{1}{4}\right)$のようにダッシュをつける。

などと，1つの数は1つの数字だけで示している。

明美さん　現代は分子，分母の2数字 $\frac{b}{a}$ で表わしていますね。だから，異分母の加減や除法計算が難しいのよ。通分や約分や……。

黎太くん　では $\frac{2}{5}$ など，どう表わすのですか？

道　博士　これを例にして教えるから，いくつか別の数でやってみてごらん。なかなかおもしろいよ。

$$\frac{2}{5}=\frac{6}{15}=\frac{5}{15}+\frac{1}{15}=\frac{1}{3}+\frac{1}{15}$$ 　　どうだ!!　単位分数の和にした。

黎太くん　イヤー，おもしろいですね。こういう計算をするのですか。では，いくつか問題を出してください。

明美さん　私も挑戦してみます。

道　博士　では4問出すか。前半を明美さん，後半を黎太くんにやってもらおう。解は1つとは限らないよ。

　(1) $\frac{3}{5}$　　(2) $\frac{4}{9}$　　(3) $\frac{5}{12}$　　(4) $\frac{8}{15}$

明美さん　$\frac{3}{5}=\frac{6}{10}=\frac{5}{10}+\frac{1}{10}=\frac{1}{2}+\frac{1}{10}$

黎太くん　$\frac{5}{12}=\frac{10}{24}=\frac{8}{24}+\frac{2}{24}=\frac{1}{3}+\frac{1}{12}$

質問　(2)，(4)を単位分数の和に分解せよ。
(注) $\frac{2}{3}$ だけは分子1の例外である。（記号 ⊕）　他は ⊓, ⊓⊓, …, ⊓ など

2　文章題の解法と"仮定法"

道　博士　2人はスラスラできたかナ？

　"3600年前の問題"だからね。その当時のエジプト人と同じように四苦八苦したらミットモないね。

　では，本番の**文章題**に挑戦しよう。

明美さん　私は『算数』のときからズウ～～～ッと疑問に思っていたんです。

　たとえば，右の2つの文章題があるとして，1つは違う果物，もう1つは見ればわかるでしょう。答えは——。

　「ナンデ，こんなバカバカしいものを考えるの？」と考え続けていました。

異種で，たせない
ここにミカンが6個，柿が8個あります。合わせて何個ですか。

道　博士　算数・数学好きの黎太くんはこのことをどう考えるかい。

見れば，スグわかる
かごの中に鶴と亀が入っています。頭の数が13，足の数が42です。鶴，亀それぞれ何匹か。

黎太くん　この学問は，「複雑なことがらを捨て，**理想化**し，そのモデルを代表として考える」という方法でしょう。だから，日常生活から離れてもいいのです。"理想，抽象の学問"と思うことが大事でしょう。

明美さん　ところで，当時も「x を使った方程式」で，文章題を解いたのですか，それとも別の方法？

道　博士　「aha－方程式」の"aha"は未知の意味がある，というが，一般的な解法は右のような「**仮定法**」で解いている。

　「エンピツ6本と消しゴム200円とを買って920円だった。エンピツ1本はいくらか」では，右の解き方が仮定法だ。

(注)古代各民族は，この「仮定法」によっていた。

いま，仮にエンピツを100円とすると，
100円 × 6 ＋ 200円 ＝ 800円
920円 － 800円 ＝ 120円
100円では120円不足。
よって120円 ÷ 6 ＝ 20円
答　120円

質問　これを算数方式で解け。

3　例題数84のタイプ

黎太くん　では，いよいよパピルスの主体，"文章題"に挑戦しましょう。

例題数84（P.46の表）を分類すると，

○ 分数などの計算や文章題
○ 面積，体積の求積
○ 比例や級数
○ 円周率や勾配
○ 数量単位系
○ パン，穀物など
○ 税金関係
○ 利益の分配

といった具合で，ずいぶん数学上も内容上も広範囲ですね。

明美さん　約4000年前の問題！

ナンテ言って軽く見られないですね。

道　博士　では，84問中，私の推選問題を紹介しよう。たった5問だが，代表的なものなので2人で挑戦してごらん。

質問　下の「50」については，当時の円周率がいくらとしていたかを求めよ。また，他の問題を解け。

単位系

長さ　1ケット＝100キュービット
（52.4m）

面積　1セタト＝1万平方キュービット
（28アール）

博士推選の問題

41．直径9，高さ10の直円柱形の穀物倉の体積を求めよ。

50．直径9ケットの丸い土地の面積は，その $\frac{1}{9}$ を引いた数同士の積 $\left\{9\times\left(1-\frac{1}{9}\right)\right\}^2$ である。（このときの円周率を求めよ。）

56．高さ250キュービット，底の1辺が36キュービットあるピラミッドの勾配はいくらか。

65．パン100個を10人で分ける。その中に船頭，職工，門衛の3人がいて，彼らは2人分もらえる。各人の分け前を求めよ。

67．牛群の $\frac{1}{3}$ の $\frac{2}{3}$ が70頭で，これは貢納すべき数である。牛群の数はいくらか。

4

百万都市「アレキサンドリア」の数学者

1 『原論』の著者ユークリッド

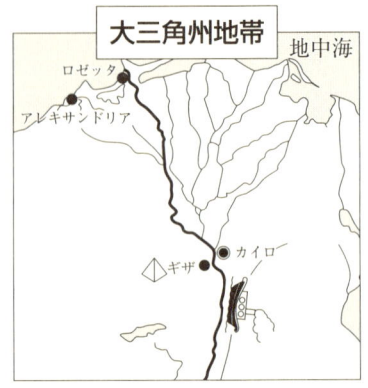

道　博士　ナイル河クルーズもそろそろ終わりに近付くと，次第に河幅も広くなる。やがて左舷に遠くカスンで，3つの大ピラミッドが見え，しばらくすると，右舷に大都会のカイロ市が見えるんだ。

黎太くん　カイロの先が三角洲ですネ。

明美さん　この大三角州地帯の中の本流を下っていくと，有名な**ロゼッタ**になるわけですか？

道　博士　『ロゼッタ・ストーン』は2人とも知っているね。

　1799年，ナポレオンのエジプト遠征軍が，この地に上陸したとき，1人の士官が黒色玄武岩の石碑を発見し，1822年シャンポリオンがエジプト古代の神聖文字を16年かけて解読した。

黎太くん　考古学者というのは，すごい努力家なのですね。

明美さん　いよいよ地中海に出るところで**アレキサンドリア**市へ向かうのですか。

古代文字解読のカギ
『ロゼッタ・ストーン』
―上段は神聖文字，中段は民衆文字，下段はギリシア文字―

大都市アレキサンドリアの象徴
（シンボル）

第2航路　ナイル河 上・下流の要地

道　博士　この都は，紀元前332年，プトレマイオス王朝の首都として建設された。100万人の人口をもつ大都市として，王宮，ムセイオン，図書館，神殿，動物園などがつくられ，**ヘレニズム**文化の中心地だった。約1000年栄えたが，サラセン帝国に占領された。

明美さん　ヘレニズム文化とは，ギリシアとオリエント，つまり"東西文化の融合"でしょう。

黎太くん　現在，どんな都市になったか行ってみたいですネ。

道　博士　初期**アレキサンドリア学派**に
　○三大数学者　ユークリッド，アルキメデス，アポロニウス
　○地理学者　エラトステネス（数学者）
　○天文学者　アリスタルコス
など，後世に名を残す，ソウソウたる学者が輩出した。

黎太くん　ターレスから約300年間のすぐれた「幾何を主とした数学」の総整理をしてまとめた**『原論』**（通称『ユークリッド幾何学』）の作者が**ユークリッド**ですね。

道　博士　右の13巻がそれだ。彼はいろいろ逸話があるが，生存不明で，実は1人の人物ではなく集団の名称ではないか，といわれたりしている。

生存不明といわれるのに，ナゼか，顔絵があるユークリッド

『原論』13巻の構成	
第1巻　三角形の合同　平行四辺形など	平面幾何
第2巻　幾何学的代数	
第3巻　円論	
第4巻　内接・外接多角形	
第5巻　比例論	比例
第6巻　相似形論	
第7～9巻　整数論	数論
第10巻　無理数論	
第11巻　立体幾何	立体幾何
第12巻　体積論	
第13巻　正多面体論	

（注）後世，アラビアで，14，15巻（立体）が付け加えられた。

質問　彼には有名な2つの逸話がある。調べてみよう。

2　地球測定のエラトステネス

黎太くん　**エラトステネス**については，ぼくはよく調べたことがあるんだ。

　地理学者で測地学者だった彼は，世界で最初に地球の大きさを測ったので有名。

明美さん　その頃，「地球がマルイ」ということを知っていたの？

　また，どうやって測ったの？

黎太くん　地球が丸いことは彼の300年も前のターレスが知っていたよ。

（注）「平ら」はキリスト教の中世暗黒時代。

　シェーネとアレキサンドリアで，太陽の南中時に上のようにして4万kmを計算したというよ。頭がいいネ。

明美さん　私の記憶では中学1年生の素数のところで，『**エラトステネスの篩**』という話を聞いたワ。

　素数の選び出し方を，2，3，5，……といった"素数の篩"でえり分ける，というもの。コンピュータの現代でも，素数の選び方はこの方法と聞いて驚いた記憶があるの。彼はスゴイワネ。

道　博士　エラトステネスは，数学では「立方倍積問題」を研究し図書館長になり，かつ詩人でもあり，オリンピックに出場して優勝するなどの万能人。

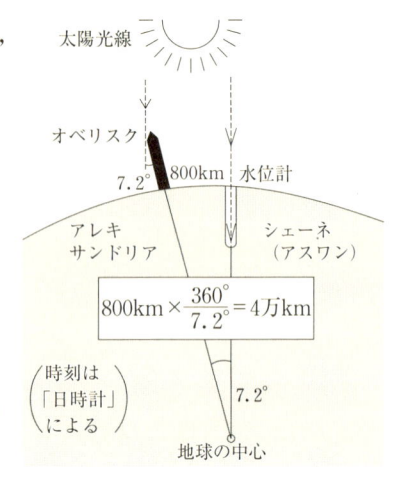

図中：

太陽光線　オベリスク　7.2°　800km　水位計
アレキサンドリア　シェーネ（アスワン）

$$800\text{km} \times \frac{360°}{7.2°} = 4万\text{km}$$

時刻は「日時計」による　7.2°　地球の中心

エラトステネスの篩

①　2　3　4̸　5　6̸　7　8̸　9̸　10̸
11　12̸　13　14̸　15̸　16̸　17　18̸　19　20̸
2̸1̸　22̸　23　24̸　25̸　26̸　27̸　28̸　29　30̸
31　32̸　3̸3̸　34̸　35̸　36̸　37　38̸　3̸9̸　40̸
41　42̸　43　44̸　4̸5̸　46̸　47　48̸　4̸9̸　50̸
5̸1̸　52̸　53　54̸　55̸　56̸　5̸7̸　58̸　59　60̸

2の倍数／
3の倍数×　　でふるいおとす。
5の倍数＼　　残りが素数。
7の倍数△

3　円周率研究のアルキメデス

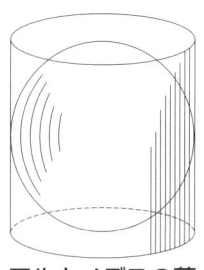

黎太くん　3番目に登場は**アルキメデス**。彼は円周率の研究で有名ですね。

明美さん　床に円を描いて研究中，ローマ兵が踏み，「オレの円を踏むな！」と，どなったら，鎗(やり)で刺し殺された，という伝説の人でしょう。

道 博士　「私の墓は，球がスッポリ入る円柱にしてくれ」という遺言があったとか。

　遺言といえば，その700年後の代数学者**ディオファントス**の墓の碑文も有名だよ。約1000年間のギリシア数学はほとんど『幾何学』だが，代数学者は3人で，エウドクソス（黄金比），アルキメデス（円周率），そしてディオファントス（方程式）。その後を参考までに話そう。

アルキメデスの墓
（紀元前3世紀）

〔第1アレキサンドリア学派〕　⟹　〔第2アレキサンドリア学派〕

（プトレマイオス王朝の紀元前332年からローマに滅ぼされる紀元30年までの文化）

（紀元と共に始まり，476年西ローマ帝国の滅亡まで）

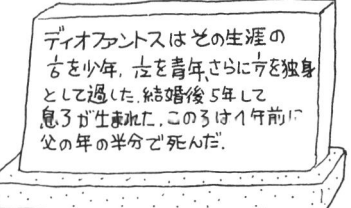

第2アレキサンドリア学派の数学上の代表的人物として次の人々がいる。
○ メネラウス　天文学者『球面論』
○ プトレマイオス　天文学者『天文学大系』
○ ディオファントス　代数学者『アリトメティカ』
○ パップス　幾何学者『数学集成』
○ ヒュパチア　女流数学者

ディオファントスの墓の碑文
（紀元4世紀）

> ディオファントスはその生涯の$\frac{1}{6}$を少年，$\frac{1}{12}$を青年，さらに$\frac{1}{7}$を独身として過した。結婚後5年して息子が生まれた。この子は4年前に父の年の半分で死んだ。

質問
(1) アルキメデスの墓で，球と円柱の表面積の比を求めよ。また，体積はどうか。
(2) 碑文から，ディオファントスの死亡年齢を求めよ。

船内お楽しみ ❷趣味教室

　簡単に言えば，船内「退屈しのぎの時間」をうめる各種教室です。

　"退屈"というのは個人によってのことで，これを貴重な時間として航路や寄港都市の研究をしたり，図書室でふだん読めない本を読んだり，人々と交流したり，……使用している人もいます。
―世間的に日々多忙な人は,「電話や訪問客などない，静かな時間」といいます―

　ただ一般旅行客にとって
　　○終日航海の日
　　○寄港しても下船しない一日
などは，たしかに暇で，

　Tシャツにペインティング（右上），扇子に水彩画，ステンド・グラス作り，色紙，針金の工作，あるいはダンス，……いくつかの教室が開かれます。

　　　♫♫♫♫**できるかな？**♫♫♫♫

　オセロなどの教室（日本船では碁，将棋）もある。オセロのルールは,「黒が先手で，相手の石をはさんだら，自分の色に変えることができる。石は，相手の石をはさめる場所にしか打てない。打てない場合はパス。最後に石の多い方が勝ち」。

　では，右の勝負はどうか。

Tシャツにペインティング
―表紙カバー写真のシャツ―

外国婦人に「折り鶴」指導
―日本女性，わが秘書が教える―

広いダンス教室と鑑賞席
―プロの他，一般の人々も使う―

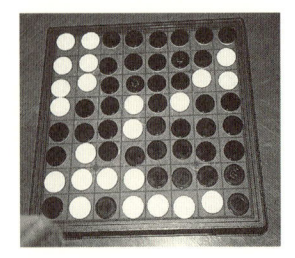

第3航路

イタリア半島周辺と西地中海

地図中の地名:
フランス、ベネチア、アンティーブ、モナコ、ニース、ジェノバ、フィレンツェ、マルセイユ、カンヌ、ピサ、アドリア海、イタリア、コート・ダジュール、コルシカ島、ナポリ、ポンペイ、バルセロナ、リヨン湾、チレニア海、エレア、マジョルカ島、クロトン、地中海、シチリア島

＊━━━ の海岸線が美景

1

"十字軍"搬送基地ベネチア，ピサ，ジェノバ

1 イタリア半島の海運都市国家

黎太くん いよいよ**地中海**への大航海となりますね。
　　ときは「いつ」と設定しますか？

明美さん それは，11〜13世紀の**十字軍時代**でしょう。

道　博士 キリスト教とイスラム教との聖地エルサレム争奪戦だったが，結果としては東西社会の文化・文明交流になった時代だね。

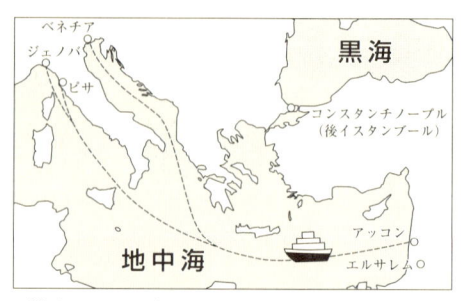

$$\begin{pmatrix}神聖ローマ帝国\\フランス王国\\イングランド王国，他\end{pmatrix} \times \begin{pmatrix}セルジュク\\・トルコ\end{pmatrix}$$

キリスト教　　　　　　　イスラム教

黎太くん 「禍い転じて福となす」か。

明美さん このときの主役が，イタリアの三大海運港**ベネチア，ピサ，ジェノバ**で，大活躍しましたネ。

道　博士 2人はこの"十字軍"についてどのくらい知っているのかナ。

黎太くん 簡単に言えば，キリスト教の**聖地エルサレム**が，イスラム教のセルジュク・トルコに占領され，それの『奪回戦争』ということでしょう。それにしても，大きいもので8回位，小さいものを入れると12回位という約200年間の遠征はすごいものですね。

明美さん 陸路行軍の第1回だけが成功で，あとはうまくいかなかったそうですね。途中，脱走者が出たり，強盗におそわれたり，『少年十字軍』の少年達は奴隷として売られたり，など。長い距離の上，いろいろな人の集合体なので，統一がとれなかったことも原因のようですね。

[質問] ナゼ，十字軍と呼ばれたのか。

第3航路　イタリア半島周辺と西地中海

2　三大港の"十字軍"への協力と利益

道　博士　王様，将兵，司教や農民，……馬や食糧のほか家族づれもあって，何十万人もの遠征軍がゾロゾロ長距離を徒歩行軍したので大変だ。1回目は成功したが2回目は失敗。そのため3回目以降陸路をやめて，船でアッコンまで行くことになった。

黎太くん　そこで古代からの船乗りがいる三大海運港ベネチア，ピサ，ジェノバに輸送をお願いした，というわけですね。

明美さん　その頃には大型船もあり，らくで，安全で，早く，しかもたくさんの人馬，物資を運べますからネ。

<u>これが船のよさ！</u>

各都市のシンボル

道　博士　『**数学**』の登場はこれからだ。彼らは元来，地中海の商人たちなので，搬送後，空船（からふね）で帰るようなおろかなことはしないんだね。"東洋の物資"つまり，香料，陶磁器，絹織物，象牙などを積み込み，帰港後西欧各国に売って大儲けをした。

ベネチア（運河のゴンドラ）

明美さん　このとき，"東洋系の数学"も持ち帰ったのですか？

道　博士　当時の**東洋数学**（代数）の内容やレベルはどんなものと思うかい。10世紀頃だが……。

ピサ（斜塔）

黎太くん　インドで"0"の発見は5世紀頃，現代の算用数字の原型は11世紀頃。つまり，「インド数字や計算法」がアラビアに伝えられ，アラビア全土へ広まりつつある頃でしょう？

ジェノバ（駅前のコロンブス像）

57

3　中東トルコから輸入したもの『計算書』

道　博士　輸入された資料から，これを整理して本にしたのが，ピサの商人**フィボナッチ**（ピサのレオナルド）で，書名は『Liber Abaci』（計算書，改訂本，1228年）というものだ。

黎太くん　どんな内容ですか。

道　博士　右下のように基本計算(筆算)と，主として商人用内容の本だよ。時代はヨーロッパ諸国が十字軍の影響で活気を呈していた。

　いわゆる「中世の暗黒時代」（4〜13世紀の科学無視）から脱皮し，商業活動が盛んになりはじめたんだ。だから，この本は猛烈に売れまくった。**"算盤"** から **"筆算へ"** と。

黎太くん　たしか，古代ギリシアのターレスも商人でしたね。

　彼は『**幾何学者**』。

明美さん　フィボナッチは『**計算術**』。商人は数学を推進しますね。

道　博士　17世紀，イギリスのジョン・グラントも商人で『**統計学**』を創設している。

　商人は，外国など旅をして知識が豊か，視野が広い，ということで，数学にも関心があるのだろう。

明美さん　江戸時代の『**和算**』の開祖毛利重能も中国へ旅した商人だったとか？

黎太くん　ところで右の内容では『**小数**』が入っていませんがナゼですか。

質問　上の疑問に答えよ。

『Liver Abaci』

1．インドの数字
2．乗法
3．加法
4．減法
5．除法
6．整数と分数の乗法
7．分数の四則
8．商品の値　　　｜
9．商品の交換　　｝商業算術
10．利益分配　　　｜
11．合金問題　　　｜
12．いろいろな問題　｝文章題系
13．仮定法　　　　｜
14．平方根と立方根
15．幾何と代数

2

内陸都市，花の「フィレンツェ」

1 アルノ河中流の大都市

道　博士　"イタリア"といえば，12世紀以降ローマより有名なのが**フィレンツェ**。
　　15世紀にはメディチ家が統治し，その巨額の富で，街は商工業が発達した上，広く芸術が盛んになった。

黎太くん　ダンテ，ミケランジェロ，ダビンチ，ボッカチオ，ラファエロ，……
　　すごい芸術家が輩出しましたネ。

明美さん　メディチ礼拝堂，ウフィッツィ美術館，大聖堂など，立派な建築物もありますネ。行ってみたいナ。

フィレンツェ（英語名でフローレンス）は，"アルノ河可航"の終点。
1865～71年，イタリア王国の首都であった。

道　博士　ところで2人は，**アルノ河**を知っているかい。
　　この地図を見てごらん。
　　イタリア半島の中ほどをネックレス状態に流れている大河だ。

黎太くん　河口に，有名なピサがあり，フィレンツェは河の中流にある街ですネ。ロンドン，パリとか京都など，内陸の大都市は大河の河畔にあり「海と内陸」を結びつけています。

明美さん　「"航路"をもてる」ということは街の発展にとって大切なのでしょう。

道　博士　私は，ピサ郊外のアルノ河下流にある「フィボナッチの旧宅」（これは後にガリレオが住む）を見に行ったが，附近は護岸が高く広く美しい河だった。

フィレンツェのアルノ河

2　絵画での遠近法

黎太くん　大都市フィレンツェといえば，大財閥**メディチ家**の力によって"香り高い美術の街"ということですね。何代も続いたのでしょう。

明美さん　美術奨励によって，優れた画家，彫刻家が集まり，腕をきそい合ったんでしょうね。

　この街が輩出した有名なレオナルド・ダ・ビンチの『最後の晩餐』は，見事な遠近法の技術利用ですね。

道　博士　この原理は古くからあった。それは「**透視図法**」で，ダビンチはこの技法を確立し，名画を残した点で代表される。17世紀にフランスの建築家デザルグがこの原理で『**射影幾何学**』の基礎を作り，19世紀フランスのポンスレが捕虜収容所で研究し，帰国後学問として創設した。

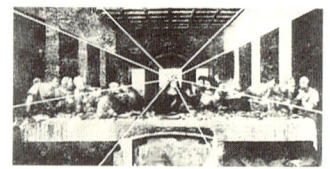

レオナルド・ダ・ビンチの『最後の晩餐』（消失点）

遠近法の原理「透視図法」

（注）ルネッサンス代表の画家，**幾何学者**ピエロ・デラ・フランチェスカも遠近法を研究。

3　彫刻での黄金比

明美さん　遠近法は"人間の目の革命"といわれているそうですが，絵画，彫刻の**黄金比**も人間の目の問題でしょう。

道　博士　これは古いね。黄金比を理論的に考えたのは紀元前4世紀ギリシアの比例学者**エウドクソス**だ。15世紀イタリアの数学者パチリオは，自著『**神の比例**』で黄金比について述べている。

黄金比の方程式

線分 AB は点 P で分け，
AB：AP＝AP：PB
$1 : x = x : (1-x)$
$x^2 = 1 \cdot (1-x)$

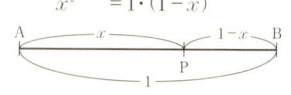

A ─── x ─── P ─── $1-x$ ─── B
　　　　　　　1

つまり方程式 $x^2 + x - 1 = 0$ を満たす x の値を黄金比という。
$x = \dfrac{-1 \pm \sqrt{5}}{2}$ （負はとらない）
$x \fallingdotseq 0.618$

質問　身近なものの中から，この比を発見してみよう。

3

半島の「美しい西海岸線」を北上

1 古代からの別荘地エレア

道 博士 フランスの風景の美しい南海岸は，通称**コート・ダジュール**（紺碧海岸，55ページの地図）についてはあとでゆっくり語るとして，イタリア半島の西海岸も美しいよ。航海で海から見るとネ。

黎太くん ふつうの「ツアー旅行」と違って，『クルーズ』だと海の方から陸地の街が眺められるのがいいですね。

明美さん 一日中航海を続ける"**終日航海**"っていうのもあるのでしょう。飛行機では高度すぎるので，これが『クルーズ』の良さの1つといえるかも――。でもときには，"四方八方海だけ"のこともあるでしょうネ。
で，博士のイタリア西半島遠望航海は，どこからはじめますか？

道 博士 古代ギリシア，ローマそして現代，と長年高級別荘地とされ続けてきた**エレア**からさ。（遺跡見学は有料）

黎太くん あのエレア学派が紀元前5世紀頃，"邪論"で活躍（32ページ）した地ですね。

明美さん そんなノンビリした別荘地で，どうして"ヒネクレ者"集団が発生したの？

道 博士 生地から追放されるような人間が，美しく平和な町に移り住んで，一層"ヒネクレ研究"が進んだろうよ。
　同じ時代の中国の老子，荘子の思想『道教』も，似たようなものだろう。

上下水道が完備された別荘地

歩道の幅も広く舗装されている

質問 中国の『邪論』（パラドクス）を調べよう。

2 「ナポリを見て死ね！」とポンペイ

黎太くん 「東西文化の交差点」「地中海の真珠」「エジプトはナイルの賜」「封印された町ポンペイ」など，"魅力的な言葉"（キャッチ・フレーズ）が多い中で，「ナポリを見て死ね！」はスゴイですね。

高台から見たナポリ市の風景

明美さん "死ね"って。おだやかでないですが，ほんとうの意味はどういうことですか。

道 博士 「一度登らぬバカ，二度登るバカ」

"富士登山"について，こう言われるネ。私は一度だけ登った。

こういう極論の表現方法の1つで，一生のうち一度は見るに価するほどの美景だ，ということだ。たしかに美しい景色だった。

黎太くん ナポリのそばの**ポンペイ**は，紀元79年ベスビオ火山の大噴火で廃墟になった都市でしょう。

道 博士 風光明媚の別荘地で，人口2万人の小都市とか――。

明美さん 1738年に発見，発掘されたそうで，約2000年前の姿が自然に残されていて，これまた一度は見学するに価値あり，だ。

質問 "数学の目"で見ると，どんな発見があると思うか。

約1700年間，「封印された町」の風景

ポンペイの入り口　　舗装されたメイン道路　　市民討論の大広場

3　再びピサの街，ガリレオ

黎太くん　いままで知らなかったけれどガリレオって，**ピサ**に住んでいたのですね。(P.59参照)

明美さん　ガリレオといえば宗教裁判にかけられた後も「それでも地球は動く」(地動説)とつぶやいた話は知っていますが——。

道　博士　彼はルネッサンス末期のイタリアの物理学者で，生まれはピサなのだよ。
　ピサ大学の医学部在学中に，有名な「振り子」の等時性を発見し，その後，物理と**数学**に興味をもったという。
　1589年に，ピサ大学数学講師になる。

黎太くん　「ピサの斜塔」からものを落とし，"落体の法則"を実験したそうですね。

道　博士　**弾道研究**, つまり『微分学』(関数)入門の研究にも力を入れていた。

明美さん　天文学，物理学，数学など，研究範囲が広いですね。

道　博士　ダビンチではないが，あの時代は"オールラウンド人間"がぞくぞく輩出している。ガリレオは，まず**実験**をし，それから**推論**し，その**仮説**を数学的に**証明**する。という"科学的態度"の持ち主さ。

黎太くん　ボクらも，勉強の姿勢とする必要がありますネ。

ガリレオ(1564〜1642)

ピサ大学正面

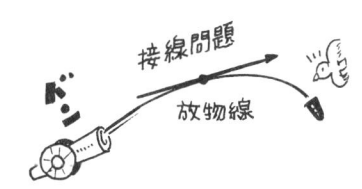

弾道研究

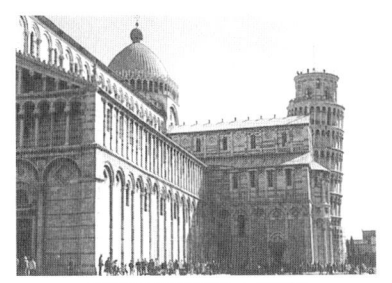

斜塔の前方の大聖堂
—この中のランプのゆれから
　振り子の等時性発見—

4

"コート・ダジュール"（紺碧海岸）の繁栄都市

1　超小国家モナコと賭博（カジノ）

道　博士　長期の『クルーズ』では，"終日航海"という日が何日もあり，昼間，退屈になることもある。

　そのため，船内にはいろいろ娯楽施設があるが，中でも盛大なのは，「**カジノ・ルーム**」だね。

黎太くん　『**カジノ**』といえばアメリカのラスベガス，中国の香港，シンガポールなど有名ですが，なんといってもモナコでしょう。

明美さん　客船内のカジノはどうなっているのですか。

道　博士　日本船では，現金，たとえば，ユーロ，ドル，円などは禁止されている。

　"現金賭博"となると問題が起きるからだろうネ。

　そこで客全員に，右上のような「船内紙幣」が一定額（＄1000で10枚包に入っていて1人1人渡された）配布され，その範囲で遊ぶのさ。

黎太くん　博士はいつも「クジ運が悪い」とこぼしていますが，カジノで何かやってみましたか？

道　博士　仲間での「物を賭けたアミダクジ」，商店街の年末クジ，宝クジ，パチンコ，……みんな"金品がかかる"とダメ。でも船内のカジノでは儲かって，儲かって，おおいによろこんだが──。まあ1銭にもならない。人間，欲を出さないとうまくいくんだネ。特に私は──。

道　博士，ルーレットで大儲け!?

船内通貨紙幣（イメージ）
―カジノ専用―

第3航路　イタリア半島周辺と西地中海

黎太くん　この表はルーレットですね。

道　博士　そうだ。ラスベガスへ行ったときにはルーレットはしなかったが，今度はやってみた。じつに楽しかったね。

明美さん　私もよくやったことがあります。度胸がないせいか"一発勝負"に賭けることができず，倍率2倍──つまり，確率$\frac{1}{2}$のところでチョロチョロ。

　　だから大損はしないけれど，大儲けの経験もないですよ。

黎太くん　ボクは"一発勝負"が大好き。ピタッ！　と数字が当たったときの快感は何ともいえません。

道　博士　**モナコ公国**は小さい国だが，チャンと王宮もあり，衛兵が守っている。少し離れたところに有名で盛大な『カジノ・ビル』が建っている。ちょっと入りにくい。

明美さん　有名なモンテカルロは？

道　博士　カジノは旧市街で，**モンテカルロ**は新市街にある。『確率』の香りがただよっている地帯だよ。

黎太くん　行ってみたいナー。

質問　確率の応用分野に，『モンテカルロ法』というのがある。どのようなものか。

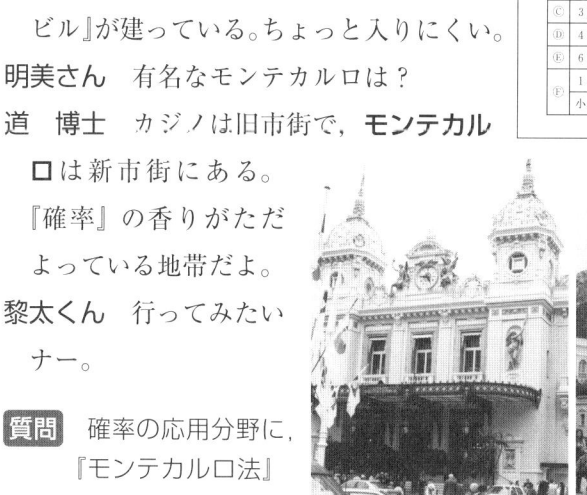

ルーレット（ROULETTE）

		0	00
1 to 18 前半	1st 12 小目	1	2	3
EVEN 偶数		4	5	6
RED 赤		7	8	9
		10	11	12
BLACK 黒	2nd 12 中目	13	14	15
ODD 奇数		16	17	18
		19	20	21
19 to 36 後半	3rd 12 大目	22	23	24
		25	26	27
		28	29	30
		31	32	33
		34	35	36
		1列	2列	3列

ルーレットの賭け方と倍率

A	1目のとき	36倍		赤，黒	2倍
B	2目のとき	18倍	G	偶数，奇数	2倍
C	3目のとき	12倍		前半，後半	2倍
D	4目のとき	9倍			
E	6目のとき	6倍		0と00の日は親の総取。ただし，0，00に置いた客は36倍。	
F	1，2，3列	3倍			
	小，中，大	3倍			

モナコ・カジノ会館　　モナコ公国王宮

2　ニースと周辺都市で活躍，7人の画家

黎太くん　博士！　その巻紙みたいなものは何ですか？

明美さん　私はワカッタ！　有名な美景の"コート・ダジュール"（紺碧海岸）の主要な都市ですよね。

黎太くん　ソーカ。では○と●との区別は何かナ？

道　博士　●は南フランスの有名画家たち7人が19～20世紀に活躍した場所だ。

　今回は，地中海第一の貿易港**マルセイユ**（次ページ）に客船が停泊し，

　　第1日目は西方
　　第2日目は東方

と，オプショナル・ツアー（OP）に参加し，博物館，美術館あるいは居住地など見学した。

明美さん　博士はいつも，「絵画と数学は関係が深い」といいますが，どんな点ですか。

道　博士　この際まとめてみよう。

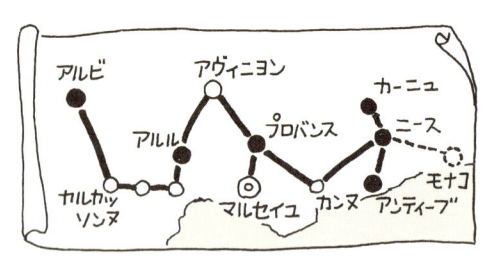

　右のようで，"色"を抜くと，共通する部分が多いだろう。私は，墨の濃淡だけの『墨絵』をやっているので一層共通点を感じるネ。

	都市	画家	特徴
西	アルビ	**ロートレック**	商業美術
	アルル	**ゴッホ**	浮世絵研究
	プロバンス	**セザンヌ**	円柱，円錐，球研究
	アンティーブ	**ピカソ**	キュービズム
東	カーニュ	**ルノアール**	印象派，画面論理
	ニース	**マチス**	画面構成
	ニース	**シャガール**	幻想的画風

（注）カンヌは映画祭で有名。

絵画と数学

(1) 幾何図形・模様
(2) 構図，配置
(3) 遠近法，黄金比
(4) 抽象化（捨象）
(5) 技法（数学器具など）

質問　数学器具（作図用）の例をあげよ。

第３航路　イタリア半島周辺と西地中海

3　フランス第２の都市マルセイユ

明美さん　♪オ〜〜〜，マルセイユ　オ〜〜〜，マルセイユ，……♬
タララン，タララン……

道　博士　明美さん，今日はずいぶん陽気だネ。何かいいことがあったの？

高台から見下ろしたマルセイユ港

黎太くん　彼女は『マルセイユの歌』が大好きなんです。
　　　　　ここは地中海随一のフランス貿易港でしょう。

道　博士　パリにつぐ大都市で，古代ギリシア植民地からはじまった古都だよ。現代でも出入船舶トン数，積出貨物量とも国内第１位という立派な港さ。
　頂上に大きなノートルダム・ド・ラ・ガルド寺院があり，高台から港を見下ろした景色は絶品だったよ。
　このあと，バスで旧港におり，少々自由時間があって街中を散策した。

高台のノートルダム・ド・ラ・ガルド寺院

黎太くん　どんな特徴がありましたか？

道　博士　まず港だが，大小の船のほか，ある一角はヨット群。少しはずれたところに魚市場や土産物店など。

明美さん　博士のことだから数学に関係あるところも歩いたのでしょう。

道　博士　"商業発展と数学"は深い関係があるからネ。
　まず，街の中心地は，銀行，証券会社が，軒を並べて立っていた。『**商業数学**』が発展している。イタリアのジェノバの街もそうだったが——。

マルセイユの旧港

67

船内お楽しみ ❸手品教室,他

　国境を越えて人気があるのが, "手品"で, この教室には多くの人が参加します。

　単にお客に手品をして見せるだけでなく, 簡単なものは「種あかし」をしてくれたり, 材料を作り, 作品をくれたりして, 心くばりがいいのがふつうです。

　右上の4枚のトランプは, 裏返すと3枚になる, というフシギ？

　右の2本のストローは十字に結んでいったのに, 最後に引っぱると2本別々になる, というもの。

　"種"は意外に簡単なので, 自分で考えてください。

　♪♪♪♪できるかな？♪♪♪♪

　「ひも」も手品の良い材料としてよく用いられる。右の①～③の中で, 秘密は①での結び方にある。どのようにしたらよいか。

不思議なトランプ
―表では4枚が, 裏にすると3枚―

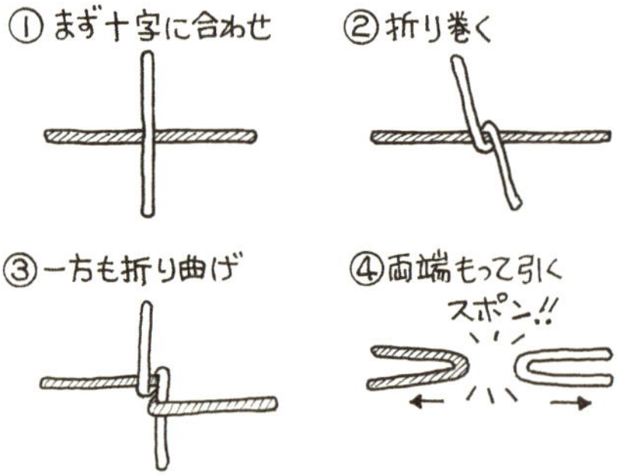

① まず十字に合わせ　② 折り巻く
③ 一方も折り曲げ　④ 両端もって引く スポン!!

2本のストロー
―2本を結んだのにとける―

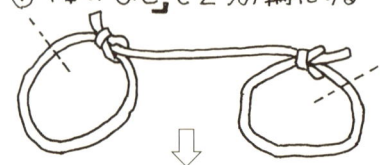

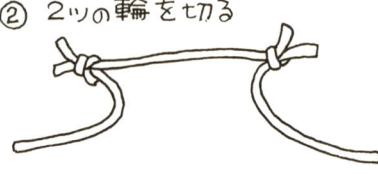

① 1本の"ひも"で2つの輪にする
② 2ツの輪を切る
③ 両端をもって ひっぱると…

第4航路

イベリア半島, 大西洋諸島

1

バルセロナとガウディ

1 『聖家族教会』と魔方陣

道　博士　サァ～～～，いよいよ西地中海から大西洋へと航海するよ。

黎太くん　出発港はどこで，客船はどこの国なのですか？

明美さん　国によって，たとえば，イタリア，スペインは陽気で楽しいイギリスなどは暗いが格調高いといった雰囲気の違いがあると聞いたことがあります。

道　博士　出発港は，イタリアのジェノバの西方サボナ港からで，当然イタリア船。明美さんが言ったように，たいへん明るく親切で楽しい雰囲気だった。
　　右の写真のように，入船のときからマリン・スタイルの美男，美女１組が迎え一緒に"記念写真"を撮ってくれる。もちろん，有料だけど――記念になる。

黎太くん　イタリア船となれば，客員にヨーロッパ人が多いのでしょう。

道　博士　日本人はわれわれツアーの17人だけ。600人中。

明美さん　この写真は，フランス人と甲板ゲームをしたときのものですネ。会話はできたのですか。フランス人は英語うまいでしょう？

入船から大歓迎
――浮輪内の著者――

甲板「輪投げ」
――数の配列は魔方陣――

「シャフル・ボード」(円盤突き)
――フランス老婦人と――

第4航路　イベリア半島，大西洋諸島

道　博士　チョット，これを見てもらおうか。

(1)　甲板輪投げ　　(2)　シャフル・ゲーム　(3)　教会の塔の西面

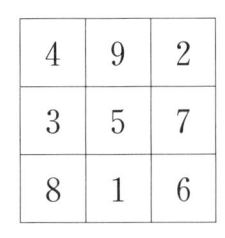

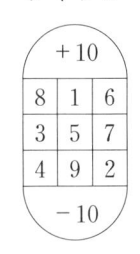

4	9	2
3	5	7
8	1	6

+10
8	1	6
3	5	7
4	9	2
−10

キリストにさ
さやくユダ像

1	14	14	4
11	7	6	9
8	10	10	5
13	2	3	15

四方陣

明美さん　ずいぶん，魔方陣を並べましたネ。

道　博士　"終日航海"のとき，甲板上で運動を兼ね，余暇時間を楽しむゲームの1つだ。

黎太くん　それは上の2つでしょう。右の写真とその下の「四方陣」は何ですか？

道　博士　まず写真だが，これはバルセロナを代表するものの1つガウディによる『聖家族教会』(サグラダ・ファミリア)の西口正門の上にある，「キリストにささやくユダ像」の側の変則魔方陣だ。

明美さん　"変則"というのは，どういうことですか？

黎太くん　そもそも魔方陣は，三方陣では異なる9個の数，四方陣では異なる16個の数という約束があるので，上の場合10と14が2個ずつあるから違反というか，変則なのさ。

明美さん　でも，縦，横，斜め，それぞれの和はみな33でルールにあっているんじゃあない？

　でもガウディほどの人だから間違って作ったのでなく，ちゃんと意味があるのでしょうネ。

質問　(1)　ガウディは，どうして「33」にこだわったのか。

(2)　偶数0〜16の9数を使い，右の三方陣を完成せよ。また，奇数1〜17のときはどうか。

71

2 ドイツの版画家 デューラー

16	3	2	13
5	10	11	8
9	6	7	12
4	15	14	1

道 博士 私はこの魔方陣を見たとき，直観として，16世紀ドイツのルネッサンス最大の画家**デューラー**の銅版画『メランコリア』の中の魔方陣の"真似"と思ったよ。

明美さん 「ドイツのレオナルド」と呼ばれた多彩な芸術家でしょう。

黎太くん 『メランコリア』とは"ゆううつ"という意味だそうですね。美術の本にこの写真でていました。

道 博士 下段の1514が製作年度というから，なかなかシャレ者だね。

『メランコリア』

黎太くん 魔方陣の話も，調べるとずいぶん発展性があるものですね。あと星陣とか円陣とか，形もいろいろあるそうですが──。

明美さん おもしろそうネ。あとでやってみましょう。

太線上の数の和を同数にする

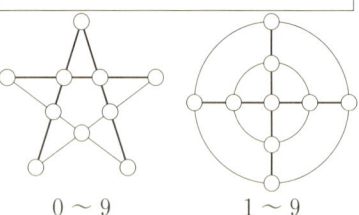

0〜9　　　1〜9

道 博士 さて，バルセロナを出て，終日航海中は，右のような問題を，海を見ながら，ゆっくり考えて過ごすんだ。

　やがて夜になる。スゴク船が揺れて「船酔い気分」になり目が覚めた。思わず甲板に出て真っ暗な外をよく見たヨ。

　ナント，地中海を出，ジブラルタル海峡から大西洋に入り，そのため大きく揺れたのだった。両岸の町の光がキラキラと見えたネ。

質問 古代中国で洛水(黄河)にはい上った大亀の背の模様から魔方陣が工夫され，パズルとして発展したが，"デタラメの中の公平"とし，現代社会では各方面で「有効な考え」として利用されている。どんなことか。

第4航路　イベリア半島，大西洋諸島

3　『メートル法』の南の基点

道　博士　そうそう，「ガウディの魔方陣」に夢中になって，バルセロナについて2つのお話をするのを忘れたよ。

黎太くん　ワカッタ！　1つは1992年（第25回）にオリンピック会場になったことでしょう。街を見下ろす郊外の高台に施設があったと聞きました。

道　博士　いい高台だったよ。美しい港の旧市街が一望に見下ろせてネ。もう1つが，フランスの『**メートル法**』の南の基点だよ。

明美さん　先進ヨーロッパ諸国の中で，何でフランスが『度量衡』の基準を作ろうとしたのですか？

道　博士　私の推測では3つある。

(1)　フランスの西欧における位置がほぼ中央で，多くの国との交易で，**単位が不統一**なため困っていた。

(2)　当時の競争国イギリスと並んで**万国のリーダー**となるため大事業をしたかった。

1792～1798年にバルセロナ―ダンケルク間を測量。約1100km

　(注) イギリスは1884年経線0°の線（基準）をロンドンに設けた。

(3)　この時代，**すぐれた数学者，科学者**が多くいて測量技術があった。たとえば，ラプラス，ラグランジュ，モンジュなど超一流数学者だ。

黎太くん　「長さの単位」として**地球の子午線の四千万分の一**としたのですね。

明美さん　高度の測量機や航空写真もない時代の測量はたいへんだったでしょうね。

道　博士　**三角測量**によって何度も測り，1875年に加盟16カ国で万国度量衡同盟が組織された。いわゆる『**メートル条約**』だ。

①メートルの基点
　（バルセロナの基点）
②基点を示すプレート

質問　三角測量とは，どのようなものか。

2 カナリア，マディラ諸島とコロンブス

1 コロンブスの生涯

黎太くん さて，いよいよ中世キリスト教時代"地の果て"といわれた**カナリア諸島**ですね。

道 博士 その前に，この地と関係の深い**コロンブス**について考えてみよう。

　彼の生涯には出生年など不明の点があるが，ジェノバ市内に生地といわれる家(右)がある。

明美さん コロンブスは，イタリアの地理学者トスカネリと文通して，「大西洋を西へと航海すればインドに到達する」と考えたのですね。

ジェノバ市内の生家

黎太くん スペイン女王イサベラの援助を得，1492年旗艦サンタマリア号と他2隻で新大陸発見へと出発した。スゴイナー。

道 博士 2人ともコロンブスが好きなんだナ。詳しいね。

　いよいよ大航海時代開幕ということになる。

　これは，この15世紀から約200年間続いた。西欧各国は，この大航海時代に，次の順で参加しているよ。

黎太くん どうして，一斉開幕でなく，こんな順があるのですか？

明美さん 国の財力など関係しているのかナ。

道 博士 一口で言うと，「国内が安定していった順」となる。当時の西欧は各国，革命や内乱，戦争があったからね。

質問 この頃の日本はどうであったか。

大航海への参加順	
第1期	イタリア
第2期	スペイン
	ポルトガル
第3期	オランダ
	イギリス
第4期	フランス
	ドイツ
第5期	ロシア

2 "地の果て"といわれたカナリア諸島

黎太くん ところで,ソモソモ,コロンブスが大西洋へ出て,西航しようとした動機は何ですか？

明美さん 言われてみれば,それが疑問ね。

イタリアの三大海運港の1つ,ジェノバの船乗りなら2000年も前から地中海を"わが物"として十分に活躍していたのでしょう。

道 博士 2人は,なかなかいい疑問をもったね。

このことは少し歴史を調べる必要がある。

一口で言うと,地中海はトルコとの関係が深い。

| 11〜13世紀 | セルジュク・トルコ | 十字軍 |
| 15〜17世紀 | オスマン・トルコ | 大航海 |

そして,この際深くかかわるのがイタリアの三大海運港なのさ。

黎太くん オスマン・トルコの勢力が地中海の覇権を握り,他国の船を圧迫したり,重税を課したりして,商売がしにくくなった。

明美さん アァ,なるほどね。そこで新天地を求めた,ということか。

道 博士 当時のキリスト教社会では,「地球は平面で,**カナリア諸島**は"地の果て"で,その先は大きな滝になって地獄に落ちる」とされている。

黎太くん カナリア諸島というのはスペイン領でしょう。

明美さん どんな島で,"カナリア"の名のいわれ,特産物などは——？

道 博士 最大の島はテネリフェ島。ワインが特産。この地に行って,意外な話を聞いたよ。

2000年も前に原住民グアンチェ族が,すでに大西洋を渡って中南米へ行っている。

その証拠に,島にメキシコと同じ階段状（12メートル）のピラミッドがあるのを,1991年発見と。

"地の果て"を眺めて撮る

3 「大西洋の真珠」フンシャル のマデイラ諸島

明美さん カナリアの原産地なので，カナリア諸島ですか？

道 博士 いろいろ説があり，『カナリア』とは現地語で「オオカミのような強い風」との意味からともいわれている。そういえばいつも風が吹いていた。ここは日本のマグロ漁船の寄港地だそうだ。

高級リゾートホテルが並ぶ

黎太くん スペインとポルトガルが領有権争いをしたのでしょう。

道 博士 南方の**カナリア諸島**はスペインが，北方の**マデイラ諸島**はポルトガルが，と，それぞれ領有して収まった。

　どちらも火山地帯だし，ワインの産地。また，**コロンブス**が利用している点，似ているよ。

　マデイラ諸島の中のフンシャルは，"大西洋の真珠"と呼ばれヨーロッパのリゾート地として有名だ。もっともカナリア諸島の最大島テネリフェも都アレチェフの人口10万人で，最も美しい島といわれている。(写真)

　"1年中，花が咲く"という南国的な諸島で，のどかだよ。

明美さん すると，魚，肉，野菜，果物，花なども多いのでしょう。

観光客が多い
―バスターミナル―

黎太くん 岬，洞くつ，植物園など，見物したい島々ですね。

[質問]「船のゆれ」は，(船の幅)＞(波の高さ)×8 の場合，ゆれが少ないとされる。では，船の幅が29mで，波の高さが3mのとき，この船のゆれはどうか。

巨大芸術，アート？

第4航路　イベリア半島，大西洋諸島

航海のつれづれ
―船内写真―

桟橋上の著者と巨大なクルーズ船『コスタ・リビエラ号』(伊) 煙突の©が特徴

"結婚45周年記念"で船長からケーキのプレゼント

(注)結婚50周年記念は『クイーン・エリザベス2世号』(英)でも，ケーキの祝福を受けた。

操舵室で船長と談話？

「本船の航海路線図」お客と客船付販売写真

3

大航海時代の危険と収穫

1 新航路の開拓と属州，植民地

道　博士　地中海を知り尽くしたイタリア船乗りたちも，新航路となる大西洋の旅は危険でいっぱいだ。想像がつくネ。

黎太くん　かつて日本を攻めた蒙古の大軍の船団が，台風にあい，全滅した，という話がありますね。それも2回も。

明美さん　昔のことだけでなく現代でも，
　　○商船学校の練習船が，台風で沿岸に乗りあげたり
　　○外国の大型タンカーが座礁して，石油を海に流したり
など，船の事故は絶えませんネ。

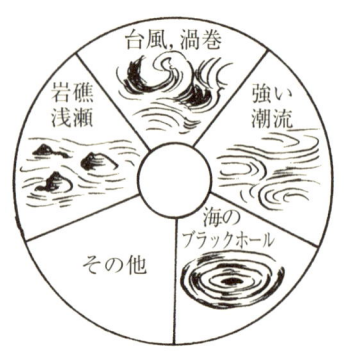

道　博士　「船乗り」が，命をかけてでも未知の航海をするのは，たとえば
　　○香料と金が同じ重さで取り引き
　　○象牙，陶磁器などの珍品が高値で売れる
　　○タバコ，コーヒー，ココアなどの嗜好品が手に入る
など，アメリカ，インド，中国などとの交易が大儲けの対象になっていた。

黎太くん　そこで手っ取り早く，貴重物品が生産されるところを属州にしたり，植民地にしたりしたわけですね。

明美さん　近年まで，アメリカ，南アメリカ，インド，中国がその被害にあい，搾取され続けたのです。

道　博士　スペイン，ポルトガル，イギリス，フランス，オランダ…に。

質問　当時の割り算に，『**ガレー法**』というのがあった。ガレーとは何か。

2　安全航海のための『計算師』発生

黎太くん　自国発展のため，先進国が"平和で豊かな国々"を侵し，後には住民を奴隷にまでする，という悪いことをしたのですね。

明美さん　一面では，"キリスト教の布教"という大義名分もあった。「自分たちみたいだと，幸福だぞ」という押しつけもあったのでしょう。

道　博士　再び，大洋への航海の話にもどろう。ともかく初期のうちは，4隻の船団で出発し1隻しか帰ってこなかったり，と惨々な目にあっていた。

黎太くん　長期の航海で，
　○カッケなどの食糧上の病気や伝染病
　○船内での喧嘩や反乱，騒動
　○上陸地で，現住民による攻撃
など，いろいろあったようですね。

明美さん　中でも，航海中の「海難事故」（前ページ）が一番多かったのでしょう。

道　博士　考えてみると，未知への航海は問題が多すぎてたいへんだったろうネ。明美さんの心配については，安全な航海の対策，工夫がされ，次第に改善された。

黎太くん　やっぱり最後は数学者登場ということですか。数学はスゴイネ。

明美さん　『計算師』も数学者ですか？

道　博士　現代の**コンピュータ**というところで，右のような幅広い活躍をしたよ。

```
安 全 な 航 海
    ↓
天 文 観 測
    ↓
天文学的計算処理
    ↓
専 門 家 の 誕 生
    ↓
計　　算　　師
```

計算師
├─ 数学界
│   ├─ 記号創案，数表作製
│   ├─ 小数・対数の発見
│   └─ 速算術などの工夫
└─ 社会
    ├─ 計算教科書
    ├─ 計算学校
    └─ 計算請負業

質問　速算術の例をあげよ。

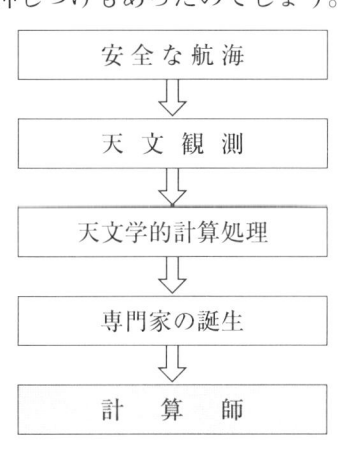

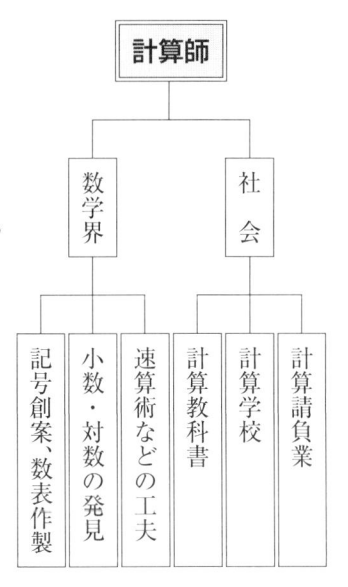

3　演算記号＋，－，×，÷の誕生

黎太くん　ところで『計算師』は素早い計算をするため，文章を記号化したそうですね。

明美さん　＋，－，×，÷がやっと15世紀以降とは，ぜんぜん知らなかった。数字と一緒にできたと思ったワ。

道　博士　ほんとうは「単純な道のり」ではなく，いろいろの過程を経て，今日の形に収まった，ということだ。200年間もかかった。その活躍の中心がイギリスとドイツ，つまり，**ゲルマン民族**というのがオモシロイ。

質問　(1) et（そして）を早く書いて＋，minus（引く）の頭文字ｍより－。では×，÷の誕生はどうなのか。また，演算と計算の違いをいえ。

質問　(2) 数学記号は，それぞれ右のように分類できる。
　3つずつ例をあげよ。

記号	例
要素	
標識	
関係	
操作	

〔参考〕17世紀　**デカルト**は
　未知数を母音，既知数を子音。
　ライプニッツは∫（積分），d（微分）
　ウオリスは∞（無限大）
18世紀　**オイラー**は
　π, i, e, f　など創案。

代数式の発展

(1)　**修辞的代数**
　計算の全過程を言葉だけで述べる。

(2)　**省略的代数**
　言語中心だが，たびたび出るものを記号にする。
　例 A quad.$+B_2$ in A.
　　　aequetur Z plano

(3)　**記号的代数**
　例 上のものを，次のようにする。
$$x^2 + 2bx = c^2$$

(注)　quadratum　平方
　　　plano　　　　平面
　　　in　　　　　　掛ける
　　　aequetur　　等しい

演算記号などの創案者

＋，－　1489年　ビドマン（独）
√　　　1521年　ルドルフ（独）
（ ）　 1556年　タルタリア（伊）
＝　　　1557年　レコード（英）
÷　　　1559年　ハインリッヒ（ス）
⎡小数　1585年　ステヴィン（ベ）⎤
⎣対数　1614年　ネ ピ ア（英）⎦
×　　　1631年　オートレッド（英）
＞，＜　1631年　ハリオット（英）
・(乗法)1698年　ライプニッツ（独）

4

第二次世界大戦とビスケー湾

1　作戦計画は素人集団『科学チーム』

道　博士　話が突然飛んでしまうようだが——，実はこの航海に関係ある物語を一席！

　第二次世界大戦が始まったとき，緒戦は，「イギリスはドイツに完敗」していた。たとえば
- ○ロンドンは**ドイツ空軍**にたたかれ，
- ○アメリカ，カナダから運ぶ食糧輸送船はドイツの**U ボート**（50人乗り小型潜水艦）にボコボコと沈められ

などして苦戦状態だったね。

　そこで，ブラケット卿は1940年に右上のようなメンバーによる『**科学チーム**』を作り，軍の作戦計画に協力した。

『科学チーム』のメンバー	
ブラケット卿	
数学者	2 人
数理物理学者	2 人
生物学者	3 人
天文学者　物理学者　測量技士　陸軍軍人	各 1 人
	計12人

（注）ブラケット卿はノーベル物理学賞を受賞した。

黎太くん　メンバーには軍人が1人だけなのですか？

明美さん　日本だと，軍人の知能集団である『陸・海軍参謀本部』が主体になっていたのでしょう。

道　博士　そこが，イギリス人やアメリカ人と日本人との違いでね，彼等は"**傍目八目**（おかめはちもく）"という感性をもっているのサ。

明美さん　これはどういうこと？

黎太くん　囲碁では，「傍で見ている人は冷静なので，当事者より，八目も先が読める」という諺だよ。

2　統計，確率大活躍の成果

明美さん　冷静はいいけれど，どんな方法をとったのですか？
　ふつうは，過去の戦争資料などをもとに**作戦計画**を立てるのでしょう。

道　博士　素人集団だから，やたら過去のことや現状にとらわれず，「客観的なデーターを大量に集めて，それから方向，方法を見出し，戦略，戦術を考えていく」という形をとる。

黎太くん　たとえば，どういうことですか？

明美さん　メンバーに生物学者，天文学者など，どんな役割をしたのでしょう。

道　博士　今夜，ドイツ空軍がロンドン市を空爆するかどうか，まず**天文学者**が気象状態を調べ，その気象状態からドイツ空軍の操縦士の体力がもつか，などを**生物学者**が検討する，といった具合さ。
　それによってロンドン市の防空対策を用意する。科学的だろう。

明美さん　ただ「たくさん軍備をもてば」ではない，という考え方ですネ。

道　博士　17世紀に誕生した統計学と確率論は，つぎつぎと協力し合い，新しい領域・分野への強力な道具になっていった，特にイギリスで。

黎太くん　『科学チーム』の方針は，そうした流れの1つで，偶然できたものではないのですね。

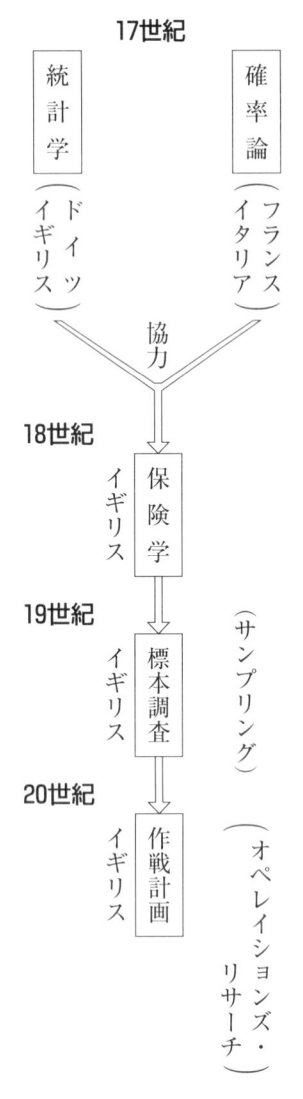

17世紀
- 統計学（ドイツ）
- 確率論（イタリア・フランス）

↓協力

18世紀　保険学（イギリス）

19世紀　標本調査（イギリス）（サンプリング）

20世紀　作戦計画（イギリス）（オペレイションズ・リサーチ）

3　ドイツ『Uボート』とスウィープ方式

道　博士　この『科学チーム』の作戦は，最小の努力で最大の成果ということが主目的で，戦後にできた数学『**オペレイションズ・リサーチ**』（O.R.と略称）は，その**最適値**を求める学問さ。

黎太くん　さっきロンドン空爆の話を説明してもらいましたが，次にUボート対策について聞かせてください。

明美さん　飛行機と違って潜水艦は見えないので，その対策はたいへんでしょうね。

道　博士　ドイツのUボートは，太平洋，大西洋などに3〜4万隻も戦争に参加していたそうだから，"砂糖にムラガル蟻の集団"の1匹1匹をつぶす作業をしていたのでは，イギリス軍艦が何隻あってもたりないね。主として駆逐艦（くちくかん）が攻めるのだが——。

黎太くん　蟻の例でいうと，巣をつぶせばいいのです。

明美さん　アア，なかなか頭がいいわね。問題はどこに巣があるかよ。

道　博士　2人とも『科学チーム』の頭脳に近付いてきたゾー。

　そのUボート基地が**ビスケー湾**なのだ。

　『科学チーム』は，この湾内を，スウィープ方式という"ほうきでくまなく掃く"方式で，基地内のすべてのUボートの存在や行動を知った上，深度に合わせた爆雷の開発で攻撃し，Uボートの$\frac{1}{4}$を撃沈させたという。

黎太くん　「スウィープ方式」というのは，航空写真を撮るように飛び，レーダーを使って記録していくのですね。スゴイ発想だノー。

> **質問**　数学でのスウィープ方式には，どんなものがあるか。

船内お楽しみ ❹華麗なショーや演芸

　日常生活で早寝早起きの著者は，なかなか夜都心の劇場へでかける機会がありませんが，クルーズでは毎夜のように船内の劇場でいろいろな催し物がおこなわれていますので見られます。
　そのぜいたく振りを言うと，
○オシャレな雰囲気の中，普段着気分で臨める。
○おいしいカクテルをかたむけ，知人と会話しながら楽しめる。
○夜遅くなっても，また夕立(雨)などあっても心配いらない。
○催し物の終了後は，電車，タクシーのことを考えず，2～3分で自分の部屋にもどり，バタン，キュー。……

　こんな気軽な娯楽生活はちょっと，ありません。

　♪♪♪♪できるかな？♪♪♪♪
　"数学の世界"は，初歩は算数パズルから高級な純粋数学まで，いろいろあり，その範囲は広い。
　では，「華麗な数学」といえば，どんなものがあるか。

華麗なショー

落語，寄席芸

音楽，歌謡，ダンス

第5航路

北海，バルト海の『ハンザ都市』

地図中の地名：
- 北海
- バルト海
- ボスニア湾
- ストックホルム
- コペンハーゲン
- ヘルシンキ
- サンクト・ペテルブルク
- リガ
- ケーニヒスベルク（カリーニングラード）
- ベルリン
- リューベック
- ハンブルク
- ブレーメン
- アムステルダム
- ロッテルダム
- ケルン
- ロンドン
- パリ

● ハンザ同盟の都市

1

かつて世界の中心ロンドン

1　伝染病から『統計学』

道　博士　「『**統計学**』というのは，17世紀にイギリスとドイツでほぼ同時に誕生した」という話を，2人はどう思う。

黎太くん　"統計"というのは，モノスゴ～～～ク古いと思いますよ。だって
- ○エジプトのピラミッド建設
- ○中国の万里の長城
- ○アレキサンダー大王，ジンギスカンの大遠征

などの人員，食糧，資材，兵器，……

は，ものすごい量なので，当然 **"数量の表"** が作られていたでしょう。

明美さん　現代だって，テレビ，新聞，雑誌などでは「数の表」やグラフを使っています。古くて新しい統計でしょう。

道　博士　2人の言うことは，ゴモットモ。まぁ一般の人はそう考えているだろう。

　　"数量の表"は「真の統計」ではないことの説明をしよう。

　　そこで最近の話題を例にあげようか。

　　この記事（右）から何がわかる？

黎太くん　傍線は，博士がつけたのでしょう。

明美さん　これがヒントなのね。

黎太くん　ソ～～～カ。1人1人を調べただけでは極端な例もあったりして，そのこと（特徴や性質，様子など）を明らかにさせられない。しかし，「たくさんの事例をまとめその傾向を見出すこと」から，そのことが明らかになる，ということですね。

明美さん　"数量の表"は単なる記録に過ぎないけれど，"統計"というのは，同種のものの中にある傾向を見ようとすることなのですか。

脳卒中・心筋梗塞

結婚している人より未婚の人の方が，脳卒中や心筋梗塞で亡くなる可能性が高い――そんな傾向があることが厚生労働省の調査でわかった。同省は「配偶者の存在が食生活のバランスや精神面のケアにプラスに働いていることに加え，夫婦で互いの体調の異変に気付きやすく，早期受診につながりやすいためではないか」と分析している。

厚労省調査

（2006年2月25日，朝日新聞）

第5航路　北海，バルト海の『ハンザ都市』

道　博士　いま，**現代統計学**はイギリスとドイツと言ったね。
　　　　　イギリスは伝染病対策から　｝と共に，悲惨な社会に対応，
　　　　　ドイツは『三十年戦争』の復興から｝そして根気のゲルマン人。
　　　まあ，ドイツの話は後日として，イギリスでの統計を説明しよう。
　　　イギリスは大航海時代の参加におくれ，初期は海賊マガイのことをして世界の海を荒らし，最後はスペインの無敵艦隊を破って世界一となり，属州，植民地から世界中の物資を**ロンドン市**に集めていた。

黎太くん　豊かで幸福ではないですか。

道　博士　ところが物資と共に，世界中の伝染病も入ってきたのサ。

明美さん　そういえば，現代でも「狂牛病」とか「鳥インフルエンザ」などと輸入問題が世界中の話題ですね。

道　博士　17世紀頃，商人のジョン・グラントが，その原因追求と予防対策に関心をもち，毎年末に市が発行する『死亡表』に着目して60年前までさかのぼって調べた上，その傾向をまとめた。

黎太くん　前に出た1枚からではわからないが，多数集めるとその傾向が見えてくる，というヤツですね。どんなことがわかったのですか？

道　博士　彼は1664年『死亡表に関する自然的および政治的諸観察』という本を発刊した。これが『現代統計学』の出発点だよ。
　　　ペストの流行を例にとってみると，1592年，1603年，1625年，1636年，1661年，1665年という記録がある。季節，輸入物資や相手国なども関係している。

明美さん　この他にも，チフス，コレラ，天然痘，……。昔は日本でもたいへん。「一村全滅」なんてまれでなかったでしょう。

〔参考〕2007年前半，青年の間にハシカが大流行。多くの大学が休校になった。

黎太くん　伝染病調査から始まった"統計"が，いまや社会全般の"傾向調べ"に役立っているのですネ。

質問　統計資料を目に見えるようにする方法として表やグラフがある。数学者，哲学者のデカルトによる**グラフ**での表示の基本の3種類をあげよ。

2　大火災から『保険学』

道　博士　大繁栄のロンドン市の影で、伝染病問題は100年も続いたが、そのトドメを刺すような、大きな被害が起きたね。

黎太くん　内乱とか、革命ですか？

明美さん　近隣国との戦争とか——。

道　博士　どちらでもない。
1666年9月2日深夜のことだ。
市内のパン屋の「残り火」が原因で、またたく間に大火となり、市内 $\frac{2}{3}$ の14000軒の家を焼き尽くした。余談だが、江戸時代の大火事、八百屋お七事件と同じ頃だよ。

大火記念塔
—塔の高さは、出火地から塔までの距離—

明美さん　日本と比較するとわかりやすいですネ。

黎太くん　ロンドン市の災害後の対策は？

道　博士　つぎの3点だよ。
(1)　木造はやめて、石やレンガ作りの家にする。
(2)　延焼を止めるため、広い道路とする。
(3)　再建できるように**保険制度**を設ける。

黎太くん　保険とは互助制度でしょう。
でも各家は大小、建造材料、家具など千差万別で、「保険料」(積立金)を決めるのは難しいでしょう。

明美さん　そこで長年の資料による「統計と確率が腕をふるう」となるわけですね。

モデル
- 1軒5000万円の家1000軒
- 年平均2軒の割で全焼
- 平等に保険料を積み立てる

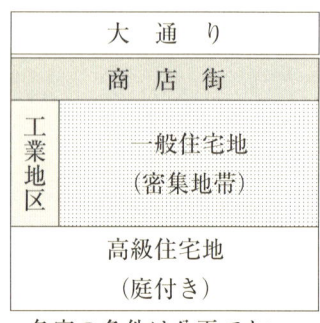

大　通　り
商　店　街
工業地区／一般住宅地（密集地帯）
高級住宅地（庭付き）

各家の条件は公平でない。

質問　右上のモデルの場合、各家は毎年いくらの保険料を支払えばよいか。また、「火災保険」に続いてできた「生命保険」は誰の考案か。

3 農事研究から『標本調査』

道　博士　世界中で努力，根気の民族といえばゲルマン民族，その代表がイギリス人だが，彼等は創設した『統計学』をさらに発展させた。

黎太くん　まずは『確率論』と組んで『保険学』でしょう。

明美さん　次は何と組んだのですか？

道　博士　それはバルセロナで大いに話題とした**魔方陣**(70ページ)だよ。

黎太くん　エェ～～～。あのパズルとですか？

明美さん　数学パズルもバカにできませんネ。

道　博士　ヨーロッパには，魔方陣から発展した**ラテン方格**というパズルがあるが，たとえば「農夫が右の16マスに種をまいたところ，鳥が4羽食べにきた。農夫は撃ち殺そうとすると，頭の良い鳥は，1発の弾で2羽が殺されないように同一直線上に並ばないで種を食べた。」という話，がそれ。

　5×5マスだったらどうだ。

明美さん　アラ！　おもしろそうですね。

道　博士　イギリスの統計学者フィッシャーが**農事研究**にこの考えを導入し，実験農場を右のように区分し，条件をデタラメに，しかし公平にして，種や肥料の研究をした。

黎太くん　ああ，これが**推計学**(推測統計学)，一般の『標本調査』の創案なのですか。パズルの上手な利用法ですね。

ラテン方格

(注)初めを◯にするとできない。

⇩

農　地

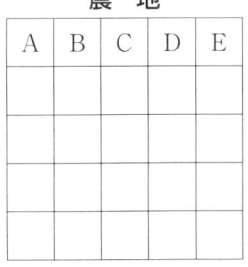

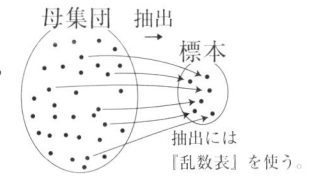

A	B	C	D	E

母集団　抽出
　　　→　標本
抽出には『乱数表』を使う。

質問①　5×5マスに5羽の鳥を配列してみよ。また上の農地ではどうか。

質問②　標本調査の代表的利用法が3つある。それぞれ例をあげく説明せよ。

余談 ヨーロッパの2つの"目" ロンドン，パリ

ロンドン

〔特徴〕
○イギリスの首都
○テームズ河河畔
　（河口から60km）
○ロンドン塔
　（タワーブリッジ）

〔歴史〕紀元43年頃，ローマ人によって建設された。1666年大火。以降，石とレンガの街となる。

〔雰囲気〕―長男・長女型
　　　（静かで几帳面，保守的）

〔世界の中心〕―1884年**万国子午線会議**(世界25カ国参加)
経緯0°を『グリニッジ天文台』に。

グリニッジ天文台　建物の裏にある
　　（郊外）　　　経線0°の白線

パリ

〔特徴〕
○フランスの首都
○セーヌ河河畔
　（両岸の低地，丘陵）
○エッフェル塔
　（シャイヨー宮）

〔歴史〕パリシー人が開発。紀元4世紀頃までローマ人の支配。1～2世紀にパリの原形。19世紀半ばに街区整理。放射状。

〔雰囲気〕―次男・次女型
　　　（明るく奔放，進歩的）

〔世界の中心〕―1875年**万国度量衡同盟**(世界16カ国参加)
原器を『パリ国際度量衡局』に。

度量衡局(郊外サン・クルー公園内)

『メートル原器』の本物写真

第5航路　北海，バルト海の『ハンザ都市』

2

『ハンザ同盟』と盟主リューベック

1　『ハンザ同盟』の成立

黎太くん　イギリスはハンザ同盟の西端なのですね。

明美さん　そもそも"**ハンザ**"とはどういうことですか？

道　博士　これから進む「**北海，バルト海航路**」の入り口がイギリスなんだけれど，この航路はロンドン港に立ち寄っただけ。（話は済）

　　さて，"ハンザ"だが，この語は旅商人の仲間という意味。

　　これは北ドイツ，バルト海沿岸の諸都市が，商業上の特権を独占し，販路を拡張し，共同の利益を得るために結成した同盟だよ。

黎太くん　どんな都市が参加しているのですか。

道　博士　盟主はドイツのリューベックで，加盟都市は14，5世紀の盛期には90以上といわれている。強力な同盟だ。

明美さん　どんなものを扱っていたのですか。

道　博士　輸入と輸出は，順に

　　（入）　毛皮，木材，鉱石，海産物など

　　（出）　羊毛，毛織物，ブドウ酒，蜂蜜，ニシンなど

　　ということになっている。

リューベックの名所
『ホルスティン門』

明美さん　同じ頃，西欧の南方での輸入，輸出の品はどんなものでしたか，参考までに教えてください。

道　博士　（入）　絹織物，香辛料，宝石，象牙

　　　　　（出）　銅，銀，毛織物

　　というもの。南北で多少異なるね。

2　北方貿易と南方貿易

黎太くん　われわれ東洋人が見るとヨーロッパとか西欧などと、"ひとくくり"に言いますが、ずいぶん違うようですね。

明美さん　「暗く寒い」「明るく暖かい」という風土も影響あるのでしょうか。

道　博士　航海（クルーズ）から見ると右のようだね。やはり、たびたび話題になるゲルマン系とラテン系ということが主というかナ。

　こんなまとめ方ができるよ。

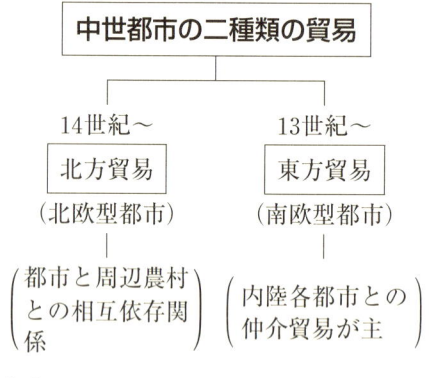

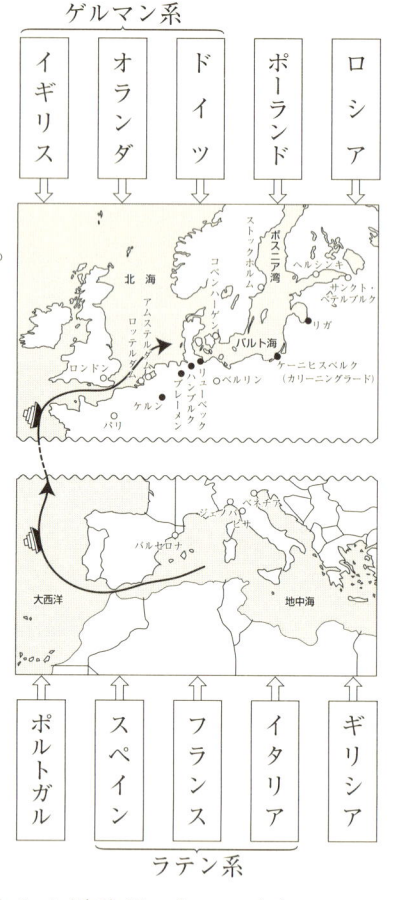

```
          中世都市の二種類の貿易
                 │
        ┌────────┴────────┐
     14世紀～            13世紀～
      北方貿易            東方貿易
     （北欧型都市）       （南欧型都市）
        │                   │
   ┌────┴────┐         ┌────┴────┐
   │都市と周辺農村│      │内陸各都市との│
   │との相互依存関│      │仲介貿易が主  │
   │係            │      │              │
   └──────────┘         └──────────┘
```

ゲルマン系：イギリス、オランダ、ドイツ、ポーランド、ロシア

ラテン系：ポルトガル、スペイン、フランス、イタリア、ギリシア

黎太くん　どちらにしても"船"を主とした活動だったのですね。

明美さん　こうしたことが、その後の大航海時代（15～17世紀）の基礎を培ったといえるのでしょう。

道　博士　このように、北欧と南欧とを"ひとまとめ"にして比較するとふつうの文化史や社会史とは違うものを発見するね。

> **質問**　日本列島で、北方と南方ではどのように違うか。また、中国の諺「南船北馬」とはどういう意味か。

3　商人に不可欠な"商業算術"とその中身

道　博士　人々は太古から小さな船で近隣民族と交易をやってきた。いわゆる"商人"の活躍で，彼等は商売に優れているだけでなく，多く旅をするので，視野も広い。過去の有名商人に右のような人物がいたね。

```
商人の活躍

紀元前6世紀　ターレス『幾何学』
13世紀　フィボナッチ『計算書』
17世紀　ジョン・グラント『統計学』
17世紀　毛利重能『割算書』
```

黎太くん　商人は，まず"**計算**"ができなくてはいけないのでしょう。

明美さん　太古は，棒や石，骨などを使い，古代ギリシア，ローマではアバクス，中国では算籌，算木や算盤などを使ったのでしょう。

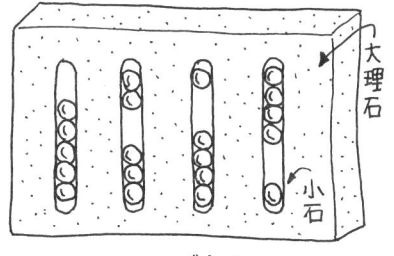

道　博士　これまでの『**クルーズ**』で紹介した大きな港都市では，銀行，証券会社，両替所の建物が軒を並べているよ。

黎太くん　13世紀以降の北方・南方貿易当時の計算や数学はどのようなものですか？

道　博士　レッキとした『**商業算術**』というのがあった。

明美さん　どんな内容ですか？

道　博士　ここにある（右）のようで，結構レベルが高いよ。

アバクス

銀行，証券街の一隅（ジェノバ）

```
『商業算術』の主な内容

(1) 四則，諸等数，度量衡，比例，三数法
(2) 合資算，混合算，両替，利息算，簿記
(3) 手形，為替，小切手，株，債券，保険，税
```

質問　次の内容を説明せよ。
　(1) 諸等数　　(2) 三数法
　(3) 混合算　　(4) 小切手

3

街の人々の興味，ケーニヒスベルク

1 易しい大難問 "7つ橋渡り問題"

道 博士 サア～，『クルーズ』も北海からバルト海へと航行だ。

黎太くん 北海周辺の『ハンザ同盟』都市と比較すると，あまり目立つ都市はありませんね。

明美さん ソ連の崩壊後は，バルト三国がすっかり有名になり，観光が盛んですネ。相撲界にも"把瑠都"がいて—。

道 博士 その西の小さなロシアの"飛地"カリーニングラードが，いま話題にしようとする土地だよ。1730年頃の街の人々から発生した，誰でも考えてみたくなる，一見易しい問題でね。

黎太くん 当時は，ドイツ領で「ケーニヒスベルク」の名で，**7つ橋渡り問題**でしょう。

明美さん ナ～ニ，それは？

道 博士 これ（右）がこの街の中心地で，大学，教会，会議場などが中島にあり，プレーゲル河に7つの橋がかかっている。

　「この7つの橋を1回ずつ，しかも全部を渡ることができるか」が問題だ。

「ケーニヒスベルク」の地
（現ロシア領カリーニングラード）

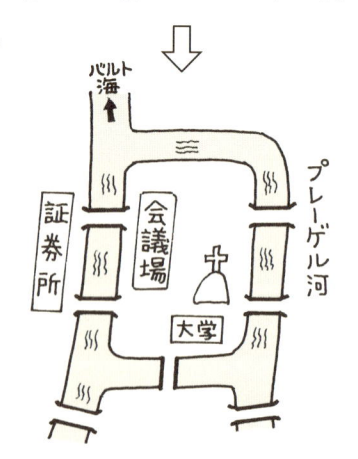

ホテルからの景色（左側が河）
—次ページ地図参考—

第5航路　北海，バルト海の『ハンザ都市』

明美さん　ちょっとやってみます。
　　同じ道は2度通ってはいけないのですね。

黎太くん　点はいいんだよ。

道　博士　この街は1255年に建設され，14世紀にハンザ同盟東端として加わっていた。1945年，第二次世界大戦後，ソ連の特別区に編入された。

　　哲学者カントが一生ここで過ごしたといわれるほど，「平和で思索の街」で，しかも，18，19世紀の数学黄金時代の中心地でもあった。大学（右）も有名。

カントの墓のある教会
（中島にある唯一の建物）

黎太くん　数学三大学ですね。あとは
　　｛ドイツのゲッティンゲン大学
　　　ロシアのセント・ペテルブルグ大学
　　と聞いています。

旧ケーニヒスベルク大学

明美さん　この3つの大学を，優秀な数学者が往来したと思うとすごい時代ですね。

黎太くん　18世紀といえば，まだ飛行機はもちろん鉄道もない時代でしょう。馬車での往来はたいへんだナー。

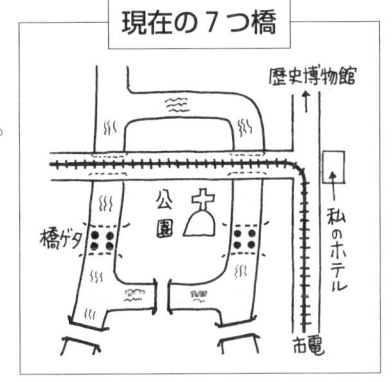

現在の7つ橋

道　博士　第二次世界大戦のとき，ソ連の空爆でこの街はメチャクチャになったというので，私は「その後の"7つ橋"がどうなったのか」たいへん興味があった。そこでモスクワからロシア国内線で飛び，4泊5日この地で過ごし調査したよ。

黎太くん　橋はどうなりましたか？

道　博士　この紙（右）のように，古い橋3本だけ残っていた。中島にある公園はよかったよ。

2　解決方法から「一筆描き」パズル

明美さん　ところで，さっきから話の合間に"7つ橋渡り問題"に挑戦していますが，どうしてもできません。

道　博士　そりゃあ残念だったね。
　"算数・数学の問題には答えがある"と学校で習っているので，問題の答えがないと不安になるが，「できない」と思ったらできないことを証明すればいいのさ。それが答え。

黎太くん　「できない証明」って，どうするの？

道　博士　前に，3回目のギリシア旅行をした視察中学校で**"飛入り授業"**したとき，「一筆描き」を材料にしたが，それを考える材料にしよう。
　2人で，この「一筆描き」に挑戦してごらん。

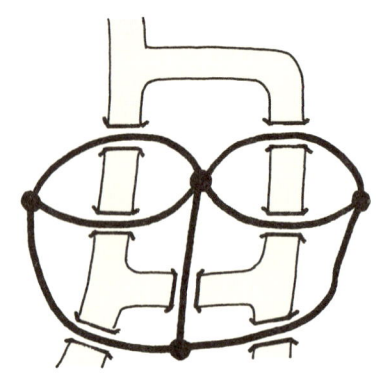

明美さん　いま気が付いたのですが，この"7つ橋渡り問題"からパズル「一筆描き」が誕生したのですか？

黎太くん　この表は，解決しやすいようにうまくできていますね。
　○A列のものは，どこから始めても描ける。
　○B列のものは，あるところから描き始めればできる。
　○C列のものは，絶対に描けない。

[質問]　上を参考にして「一筆描き」のルールを作れ。

―〔余談〕―
　スイスの数学者オイラーは，丁度この頃ケーニヒスベルク大学で研究中だった。
　彼はこの難問を考え，上図のように，「一筆描き」の問題へと転換し，次に，上の線図が一筆で作図不可能であることを証明した。

3 『位相幾何学』（トポロジー）の誕生

道　博士　数学では，魔方陣から標本調査を創案したように，一筆描きからトポロジーを誕生させている。

数学パズルもバカにしてはいけない。

黎太くん　トポロジーとはどういうことですか。

道　博士　『トポロジー』というのは，中国語訳で『位相幾何学』という。

位置の様相からできた用語だネ。

英語では topo-logy だ。

明美さん　難しそうですが，ナニカ入り口の部分でも教えてください。

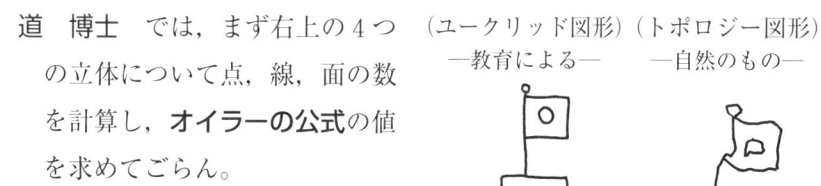

道　博士　では，まず右上の4つの立体について点，線，面の数を計算し，**オイラーの公式**の値を求めてごらん。

明美さん　計算します。

やってみましょう。

黎太くん　学校で習う図形学（幾何学）とどんな点が違うのですか？

道　博士　簡単に言えば学校のは長さ，面積，角度，平行などの**計量**に関する内容。

一方，トポロジーは**点，線のつながり**重視。

明美さん　ああ，山手線を円にしたり，案内図の方向，距離が不正確だったりのものネ。

道　博士　ヨ〜シ。では次の港へ出発だ！

質問　オイラーの公式の値を求めよ。

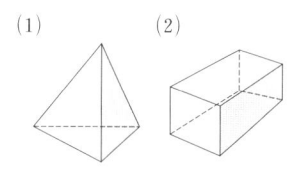

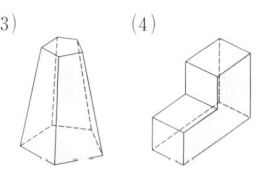

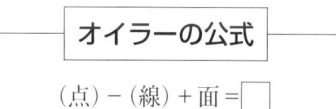

(1) (2) (3) (4)

オイラーの公式

（点）−（線）+ 面 = ☐

（ユークリッド図形）（トポロジー図形）
—教育による—　　—自然のもの—

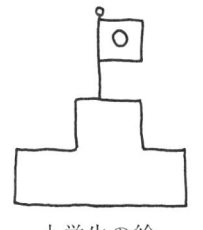

小学生の絵　　幼児の絵

カリーニングラードの港
—バルト海に面する—

4

西欧をさまよった『確率論』とペテルブルク

1 一攫千金！ イタリア港湾都市での賭博

道　博士　ここが有名な**サンクト・ペテルブルク**（一時，レニングラードと命名）の港だよ。

黎太くん　1725年，ピョートル大帝が「西欧へ開かれた窓」（ペテルブルグの意義）として，フィンランド湾近くのネヴァ河の荒涼とした三角州を埋めたててつくった都ですね。

埋めたてでできた港

明美さん　ここは"血の街"ともいわれているそうですね。

　　○荒地の埋めたてで多数の人の汗と血が流れた。

　　○第二次世界大戦で，ドイツ軍に包囲され900日間守備し，多くの人々の血が流れた。

大戦記念碑

道　博士　2人ともよく知っている都なので，まっすぐ数学，『確率論』の話に入ろうネ。

黎太くん　そもそも"確率"の発生は，**イタリアの船乗り**たちの賭博からでしょう？

明美さん　一航海で"一攫千金"の一方，「船板一枚下は死」という日々と，ラテン系という陽気性から，賭博が盛んになったのはワカルワ。

道　博士　賭博をする人は，誰でも勝ちたいので，勝つための方法から，**"偶然の数量化"**として，数学者が理論化したのさ。その代表的人物は，数学者であり，本人も専門賭博師のカルダノで，1562年から8年間もボローニア大学の数学教授をしたスゴイ人物だ。『サイコロの勝負ごとについて』という著作もある。方程式研究でも有名さ。

2　フランス貴族のトランプ遊戯

黎太くん　イタリアで，数学者たちによってサイコロ・ゲームを中心に，確率論の初歩が固められたのはわかるけれど，これがどうしてフランスへと伝わったのですか？

道　博士　そうそう，忘れたがピサの斜塔の実験で有名なガリレオも「確率の研究」をしている。

　さて，黎太くんの質問だが，イタリア，フィレンツェの大商人の，メディチ家のお嬢様が，フランス王妃になった話は知っているだろう。

黎太くん　ハイ，聞いたことがあります。

　このとき，「お嫁入り道具」としてイタリア文化・文明をフランス王室へもっていった，とか。

明美さん　当時のフランスは，ファッション，グルメなどの先進国イタリアから，多くの文化，文明を輸入したが，その中の1つとして『確率』も伝えられたのですネ。同じラテン民族なので，同じ興味をもったワケ。

黎太くん　当時の確率の内容レベルはどうなのですか？

道　博士　たとえば，右のようだ。

　フランスの超一流の数学者ダランベールが，誤ったという有名な話がある。
「2枚の硬貨を投げたとき，
　　（表，表），（裏，裏），（表，裏）
の3通りなので，2枚とも表の確率は $\frac{1}{3}$ 」
　サァ～～～，どうかナ？　この答は──。

○ルーレットの確率

○くじ引きの期待値

○くじの"先と後"の勝率

など

次の場合，"白が当たり"のとき，先と後の引き方でどちらが有利か。

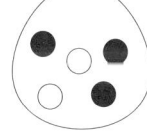

黎太くん　結構，難しい内容に取り組んでいるのですネ。

質問　ダランベールの誤りを指摘せよ。また，右の場合にも答えよ。

明美さん　イタリアでは，サイコロ，ルーレットなどが材料でしたが，フランスではトランプが中心になるのですね。

道 博士　興味をもった人たちは，イタリアでは素朴な船乗りの遊び，一方フランスでは貴族の遊びとしたから，この相異がでたのだろう。

黎太くん　フランスでの数学者はどんな人たちですか？

道 博士　イタリアは，カルダノ，ガリレオぐらいだが，フランスは表にするほど，たくさん有名人がいるよ。その他を数えると，十数人。つまり，当時のフランス数学界は『確率論』が主流というわけさ。

黎太くん　**トランプ・ゲーム**といえば，
　　○ブリッジ　　○ツーテン・ジャック
　　○ポーカー　　○セブン・ブリッジ
　　○ナポレオン
などでしょう。ボク全部知っている。

明美さん　あとで教えてネ。確率のこともふくめて――。

道 博士　「パスカルの三角形」というのは，『確率論』の基礎の1つだが，パチンコの土台でもあるね。
　　あとは「**大数の法則**」，「**同様に確からしい**」など，重要なことがらだよ。

黎太くん　話は飛びますが，日本の時代劇によく出る「**丁半トバク**」（賭場とか，イカサマなど）でも，確率にかかわるわけでしょう。

質問　右の質問に答えよ。

代表数学者と内容

○パスカル　　パスカルの三角形
○ヤコブ・ベルヌイ　予測の技術（大数の法則）
○ビッフォン　ビッフォンの針（πの値）
○ガウス　　　ガウス分布
○ポアソン　　大数の法則

パスカルの三角形

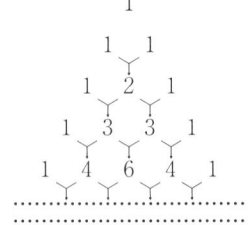

```
        1
       1 1
      1 2 1
     1 3 3 1
    1 4 6 4 1
```

ガリレオが賭博好き友人から受けた質問

3つのサイコロを同時に投げるとき，その目の和が9のときと，10のときとはそれぞれ6種類ずつなのに実験すると10の方が多い。それはナゼか。

(ヒント) 9の例 (1, 2, 6), (1, 3, 5), …
　　　　10の例 (1, 3, 6), (1, 4, 5), …

3　ロシア留学生から『ペテルブルク学派』まで

道　博士　イタリアで誕生，フランスで発展，そしてロシアで完成，という道を歩んだ『確率論』だが，これにふしぎを感じないかい？

黎太くん　ロシアはラテン系でなく，スラブ民族で異質ということ？

明美さん　ロシアは寒い方の国で，どちらかといえば暗い民族ですから，派手な確率なんて向かない気がしますね。

道　博士　これが数学伝播の興味深いところさ。
　19世紀頃のロシアは文化的に西欧からおくれていた。当然数学も。そこでペテルブルク大学の若い数学者オストログラッキーとブニアコフスキーの2人は，フランス留学生となり，ちょうど学界で最先端，全盛期になっていた『確率論』を学び，母校へと帰国したのだ。

黎太くん　つまりは，民族性に関係なしということですね。

明美さん　そのあとどうなったのですか？

道　博士　次(右表)のような，ソウソウたる数学者たちによって受け継がれ理論化され，**偶然の数量化**といわれた内容が，ついに公理化されて完成したよ。

黎太くん　こういう風潮は，モスクワなどの都市にも賭博をもたらしたのですか？

道　博士　街に大きな賭博場があり，中にはピストルをもった警備員がいる。

明美さん　小説もありますね。次のが有名です。
　○プーシキンの『**スペードの女王**』(1834)
　○ドストエフスキーの『**賭博者**』(1866)

ペテルブルク学派

○チェビシェフ（創設者）
○クヤブーノフ　⎫
○マルコフ　　　⎬ ブニアコフスキーの弟子
○ベルンシュタイン
○コルモゴロフ（公理化）

(注)ペテルブルク大学かモスクワ大学の教授たち。

街の賭博場（カジノ）

船内お楽しみ ❺ ゆったり時間

　若い友人，知人に『クルーズ』をすすめると，多くの答えが，
　○何日も船の中の生活は退屈。
　○海ばかり見て，あきる。
などが圧倒的です。

甲板での三三五五談笑

　しかし，これまで本書でトクトクと語り，紹介したように，決して退屈なものではなく，むしろ，広く知人ができたり，外国船の場合など外国人と知り合ったりと楽しさもある上，数々の催物，行事があったり，スポーツもでき，十分楽しめます。

楽しい団らん「大ビンゴ」

　一方，自分の時間をもちたければ，甲板の椅子や図書室，喫茶室などもあり，たっぷり思索，思考の時間が得られるのです。

　♪♪♪♪**できるかな？**♪♪♪♪

海原を見ながらの思索

　著者が埼玉大学附属中学校の校長のおり，中学3年生に右の問題を出し，解答を得た場所，つまり，ヒラメキの"場所"についても書かせた。

　どんな場所があげられたと思うか。

質問　五芒星形の5つの角の和は？

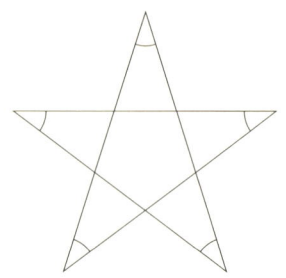

第6航路

アメリカ西海岸とメキシコの古都

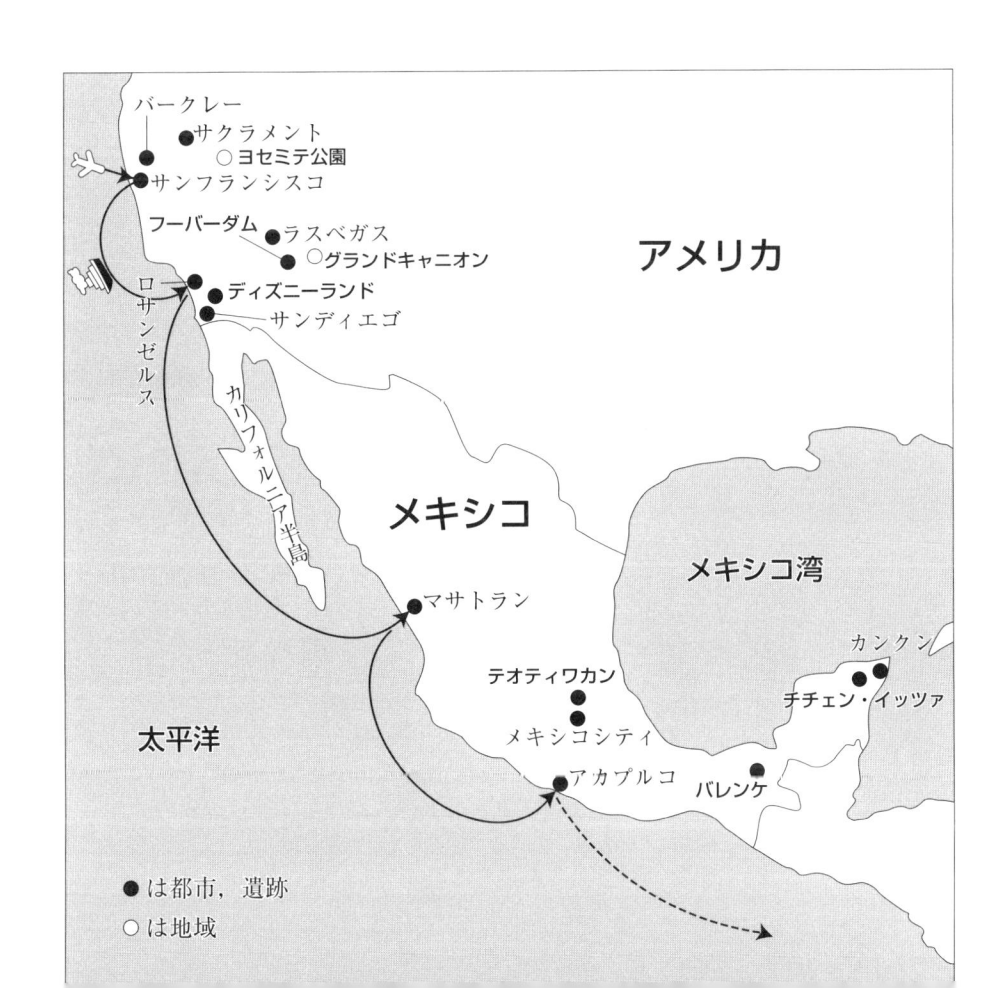

バークレー
サクラメント
○ヨセミテ公園
サンフランシスコ
フーバーダム　ラスベガス
○グランドキャニオン
アメリカ
ディズニーランド
ロサンゼルス
サンディエゴ
カリフォルニア半島
メキシコ
メキシコ湾
マサトラン
テオティワカン
カンクン
チチェン・イッツァ
メキシコシティ
太平洋
アカプルコ
パレンケ

● は都市，遺跡
○ は地域

I まず,ゴールデン・ゲート・ブリッジ(金門橋)

1 日付変更線の怪

道 博士　今回のアメリカ・クルーズでは,これまでのギリシア,イタリアのクルーズと同じように,まず現地まで飛行機で行ったのだが,その途中,生まれて初めての経験をしたよ。

黎太くん　ハイジャックに遭ったとか,途中で引き返したとか——。

道 博士　実はこの飛行中に,誕生日を2回迎えたのさ。

明美さん　どうしてそんな不思議なことが起きたのですか？

道 博士　出発日は奇しくも私の誕生日の8月9日。成田空港離陸は夕方の7時頃で,すぐ夕食が出,まもなく夜食も運ばれてきた。おなかが一杯になり,ウトウトしてどれほど時間がたったか……。

　　突如,機内放送が流れた。「おはようございます。ただいまは8月9日の朝の6時です。これから朝食を配ります。」

　　反射的に腕時計を見るとまだ11時。あわてて6時に合わせた。

黎太くん　ァァ,『日付変更線』(date line)を越えたのですね。

明美さん　それって,どういうこと。確かに誕生日2回だけれど——。

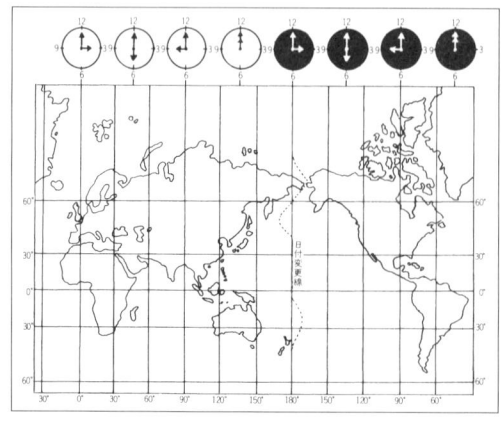

(注)成田空港とサンフランシスコとは時差が7時間。しかし9日18時45分に立ち,同日それより前の時刻17時5分に着く,という怪。

標準時と日付変更線

第6航路　アメリカ西海岸とメキシコの古都

黎太くん　それは地球が球形だからで，太陽に向かって左の方向に自転しながら，太陽の周りを公転。そこで太陽が東から昇るように見える。地球の表面はイギリスのグリニッジ天文台を通る経線を0°とし，東へ順に東経180°まで，西へ順に西経180°までの経線が引かれているネ。

明美さん　ずいぶん，詳しいわね。地球の1回転の角度が360°で，時間は約24時間だから時差は
　　360°÷24＝15°で15°。

道　博士　音速を超すジェット機や光より速い乗物ができたら，それこそタイム・トラベルの世界になる。

　もう1つおもしろいのは，地球面では「平行線は1本もない」（『非ユークリッド幾何学』，19世紀）ということから，興味深い幾何学が誕生している。別の機会にお話ししよう。

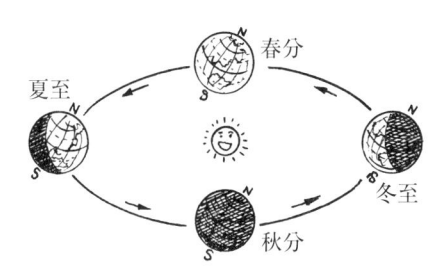

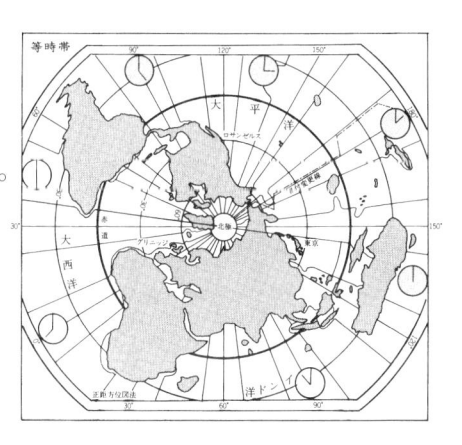

球面幾何学

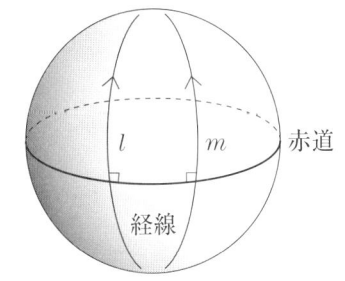

赤道に垂直ならl, mは平行のはず？

質問1　日付変更線が折れ線になっている理由を考えよう。

質問2　その昔，大評判になった『80日間世界1周』という冒険活劇映画（1986年，名曲『アラウンド・ザ・ワールド』が有名）があり，途中で観客の誰もが，"このままでは記録が作れない"とハラハラしたが，ヒョンなことから世界記録が立てられた。それはナゼか？

2　ゴールデン・ゲート・ブリッジの幾何学美

明美さん　空から見下ろした，この金門橋はいかがでしたか？

道　博士　この大橋はゴールデン・ゲート海峡の入口をまたいだ形のもので，全長2800mもあるから遠くから見える。

黎太くん　1937年完成で，「西海岸でのアメリカのシンボル」といわれていますね。

道　博士　つり橋のほとんどは，太いワイヤによっているが，数学的には懸垂線（カテナリー）で，ガリレオは，「懸垂線は放物線になる」と言った。近似的には，そうした美しい曲線だ。

明美さん　2本の主ケーブルの構造もすごいのでしょう。

道　博士　鋼の総重量10万トンをささえるのだからね。直径5mmのワイヤ約28000本をたばね，ケーブルの直径約90cmといわれている。大橋の入口にワイヤの断面を展示して，人々を驚かせているよ。

ゴールデン・ゲート・ブリッジ

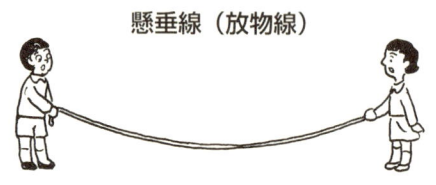

懸垂線（放物線）

ピアノ線を束ねた太いケーブル
—橋の入口の展示品—

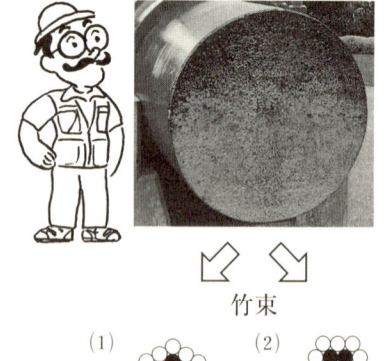

竹束
(1)　　(2)
1，6，12，…　3，9，15，…

質問　たくさんのワイヤを束ねる方法はいろいろあるが数学の基本として上の2種類がある。江戸時代「敷物」にした「竹束」というものがあるが，(1)，(2)それぞれの数列の5番目の数（本数）を求めよ。

3　サンフランシスコのケーブルカー

道　博士　サンフランシスコの街は，坂道が多いことで有名。メイン道路には珍しいケーブルカーが走っている。
　ゆっくり走っているので街の人々は飛び乗ったり，飛び降りたりが風物詩になっている。

黎太くん　博士は，ここで坂の角度について質問しようとしているのでしょう。

明美さん　そうね。坂道などの傾斜角の問題でしょう。たとえば，次の場合など。

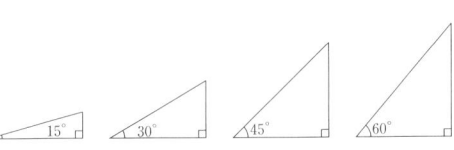

道　博士　徒歩，自動車，自転車，電車などが登れる角度はいくらか，とか。たとえば，サンフランシスコのケーブルカー（路面電車）は急坂が有名で，最高勾配は210パーミル（約12°）といわれる。では，次の各々の最高勾配はどれほどか。

　(1)　普通の自動車道路　　(2)　日本の鉄道　　(3)　箱根登山電車

黎太くん　事典で調べたら，(1)は，法律によって時速60kmの場合5％（約3°）（やむをえない場合は8％），(2)大井川鉄道の90パーミル（約5°），(3)箱根登山電車では80パーミル（約4.5°），とありました。

(注)水平方向に1000m走って垂直に上る高さをパーミルという。

明美さん　想像以上に小さい角度なのネ。

質問　ある程度の厚さのある本では，右のように勝手に開いたとき，でさる角度 a は，「つねに一定である」ことを説明し，角度を求めよ。

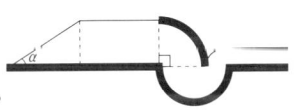

2

カリフォルニアの不思議

1　バークレー校の国際会議場展示の数学教具

道　博士　実は今回のアメリカ・クルーズは，西海岸線探訪が主目的ではなく，4年に1度開かれる『国際数学教育者会議』(ICME)（バークレー校）への参加が目的で――。

黎太くん　あのカリフォルニア大学のバークレー校ですか。世界有数のエリート輩出校で，ノーベル賞受賞者が数十人もいる名門校でしょう。

道　博士　美しく整備された広大な学園にはギリシア風白亜の殿堂，高い時計塔そして小川。3万人近い学生が研究にはげんでいる。1868年の創立校だよ。

明美さん　会議には世界中の数学者が集ったのでしょう。

道　博士　私も数学者のハシクレだから，日本からの100人余の人たちと一緒に参会した。数千人規模の1週間にわたる熱心な大会だった。

明美さん　宿泊など，どうしたのですか？

道　博士　バークレー市はもともとサンフランシスコ市の「ベッドタウン」だったので，ホテルは多いが，長期滞在なので，大学の学生寮（ドミトリー）に泊まった。ちょうど夏休みで学生たちはいなかったからね。
　　各部屋の入口にミッキーマウスのマンガ絵があったりして，楽しく綺麗な部屋だったし，食堂の朝食も量が盛大だったよ。

バークレー校のシンボル

国際会議場正面
ICME4（1980年）

第6航路　アメリカ西海岸とメキシコの古都

黎太くん　会議の内容は難しいでしょうからどうでもよいのですが，会場はどんなふうでしたか。

道　博士　10余のテーマによる大きな教室での分科会があり，この周辺の部屋に数学関連の教具，カード，カレンダーなど興味深いものが展示され，販売もしていた。

中国の算盤や大きな石のサイコロ，電卓などもあったよ。

黎太くん　この数学カードは，魔方陣，平方根数作り，そして有名なベルヌーイの曲線（永遠の曲線，巻貝）でしょう。

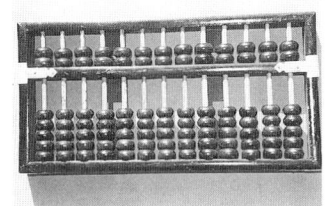

購入した中国の算盤

明美さん　『数学カレンダー』もユニークですね。日付けの数をいろいろな数や計算の結果で示しているんでしょう。

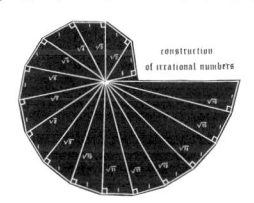

THE MATHEMATICS CALENDAR

SUN	MON	TUE	WED	THU	FRI	SAT
		1 $9\frac{1}{2}\cdot 3^{-1}$	2 $-2\,e^{\pi i}$	3 $5-12-\lvert-\frac{1}{2}\lvert 8\rvert$	4 $16^{.5}$	5
6 $(2\sin\frac{\pi}{2})(3\cos 2\pi)$	7 $4^{x+2}=8^6$	8 $22(.\overline{36})$	9 $3(3-x)-6$ $=-(2x+6)$	10 million 10^5	11 $8+\cfrac{\frac{1}{3}}{3+\frac{4}{2}}$	12 Babylonian
13 $(3!)(2!)+1!$	14 $4\sqrt{\frac{1}{7}x-\sqrt{18}}$ $=\sqrt{2}$	15	16 $64^{\frac{2}{3}}$	17 $2125,425,85,$ $,3,4,\ldots\ldots$	18 $2\frac{1}{2}\%\,of\,720$	19 十九 chinese
20	21 $5^2-5^1+5^0$	22 $\sqrt{4\sqrt{121}}$	23 $1,5,7,11,13,$ $17,19,\_,25,\cdots$	24 $x\%\,of\,250$ $=60$	25	26 Egyptian
27 ∴ MAYAN	28 $2\sqrt{2\sqrt{98}}$	29 41 seven	30	31 11111 two		

質問

左の表では各計算の答（日付）がわかっているので，大体わかる。$e^{\pi i}$, $16^{.5}$, $3!$, $64^{\frac{2}{3}}$, 11111_{two} などはそれぞれいくつか。

2 ヨセミテのミステリー・スポット

明美さん　バークレー校での学会のあと，どこをブラツイタの？

道　博士　"研究探訪"と言って欲しいね。カリフォルニアでは

　　　○ヨセミテのミステリー・スポット　　○サクラメントの州都祭

　の2カ所を回った。

黎太くん　「ミステリー・スポット」なんて魅力的な名ですね。

明美さん　日本人が好きなのでしょう？

道　博士　ここの見物客の80％が日本人で，道路には日本人観光バス，日本車。店屋には made in Japan の印のついたものなど外国の地とは思えない。日本の観光客がウヨウヨ。

黎太くん　この地帯には不思議な磁力があって，

　　　○樹木が地面に対して斜めに生えている。

　　　○下り坂に見えるのに，自動車で走ると上り坂。

　　　○水平な板なのに，ボールが一方にころがる。

　などというのでしょう。テレビで紹介された。

明美さん　手品，マジックのような巧妙に仕組んだトリックなのでしょう。ホントーは――。

道　博士　急斜面に掘立小屋があり，入ってみると水平に見える。背の高さなど水準器を使った不思議（イカサマ）実験もある。

黎太くん　数学の中にもミステリーの錯図が数々ありますね。

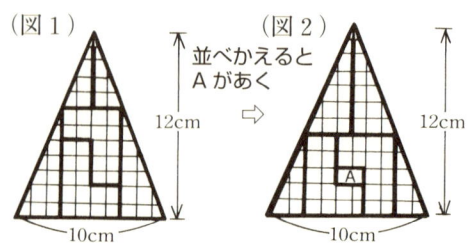

質問　図1は，面積が60cm²の二等辺三角形である。これを図2のように並べかえると面積が2cm²ふえる。どこがミステリーなのか。

（図1）　12cm　10cm

（図2）並べかえるとAがあく　12cm　10cm

第6航路　アメリカ西海岸とメキシコの古都

3　サクラメントの州都祭の観覧車

明美さん　カリフォルニア州には，ロサンゼルス，サンフランシスコの2大都市があるのに，ナゼ，小都市サクラメントが州都なのですか。

道　博士　1848年，町の郊外に金が発見され，ゴールドラッシュで大発展し，1854年州都になった。お祭では農業都市らしく農産物の展示が多い。

黎太くん　"西部開拓史上の町"で，州都祭では，観覧車が多いですね。正八，十，十二，十六角形(写真)からできている4種類もありますが，正多角形は美しい上，こういうことに利用されているのですか。

道　博士　これに関連して"正多角形の作図"を考えてみよう。
　正三角形から始めて，正二十角形までの作図をまとめると下のようになる。ネックは「角の三等分」だね。

正多角形の作図系統

正三角形 —二等分→ 正六角形 —二等分→ 正十二角形
　　　　 —三等分→ 正九角形 —二等分→ 正十八角形
正四角形 —二等分→ 正八角形 —二等分→ 正十六角形
正五角形 —二等分→ 正十角形 —二等分→ 正二十角形
　　　　 —三等分→ 正十五角形
正七角形 —二等分→ 正十四角形
正十一角形
正十三角形
正十七角形☆
正十九角形

角の三等分

　任意の角の大きさを 3θ とすると，三等分された一角 θ の作図は，$\cos\theta$ を作図することと同じである。
　そこで $\cos 3\theta$ を変形して
　　$\cos 3\theta = 4\cos^3\theta - 3\cos\theta$
$\cos 3\theta$ は定数なので a とおくと，上の右辺とから
　　$4\cos^3\theta - 3\cos\theta = a$
いま，$\cos\theta = X$ とおくと，上式は
　　$4X^3 - 3X - a = 0$
という三次方程式となり，定木，コンパスの有限回使用では**作図が不可能**である。

(注) 正十五角形は，正五角形と正六角形とから作れる。

質問　19世紀ドイツの大数学者ガウスは，理論的に「正十七角形が作図できる」ことを証明した。どのような考えによったものか。

3

ロサンゼルス周辺のドリームランド

1 不夜城のラスベガス

黎太くん サンフランシスコで，市内と周辺のヨセミテ，サクラメントなど見物したあと，港にもどりアメリカ・クルーズの出発ですね。美しい海岸線を見ながら次はロサンゼルスのサンペドロ港へ！

明美さん アメリカの客船はどんなものですか？ フレンドリーでしょう。ロサンゼルスといえば，オプショナル・ツアーの第1がラスベガス。

道 博士 "ラスベガス"はスペイン語で「肥沃な草原」で，スペインが，金，鉄，石炭の鉱物や牛，羊の家畜の集積地，宿泊地として砂漠に開いた町だった。ところが1936年にフーバー・ダムができ，水と電力が豊かになり，町の発展として賭博地となった。現在，観光客による収入はネバダ州の財源の半分以上といわれている。

黎太くん (賭博)⇒(確率)⇒(数学) で，"数学の町"ともいえますかネ。トランプ，ルーレット，スロット・マシン，……博士もやった？

道 博士 スロット・マシンくらいかな。クジや賭け事には弱くてね。

明美さん 本によると「ポーカー」の種類と確率は次のようだって。ワン・ペア $\frac{1}{2.37}$，ツゥ・ペア $\frac{1}{21}$，スリー・カーズ $\frac{1}{47}$，ストレート $\frac{1}{255}$，フラッシュ $\frac{1}{509}$，フルハウス $\frac{1}{694}$，フォア・カーズ $\frac{1}{4165}$，ストレート・フラッシュ $\frac{1}{72193}$，ロイヤル・フラッシュ $\frac{1}{649740}$ よく計算したものネ。

ラスベガスの夜景

質問 ストレートとは，5枚が連続数字，フラッシュは5枚が同じマーク。では，最高のロイヤル・フラッシュとはどんな5枚でしょうか。

2　夢の国　ディズニーランド

黎太くん　『ディズニー・ランド』といえば，日本の東京（浦安），フランスのパリ，中国の香港など，次々に大都市に建設されていますが，本拠地のアメリカでは，不毛の砂漠地というのはなぜでしょう？

明美さん　そうね。アメリカには大都市がいくらでもあるのに――。

でも砂漠なら土地が安く広くとれるし，近くにはフーバー・ダムからの電力もある。

道　博士　ウォルト・ディズニーは計画ができあがると，まずスタンフォード大学の数学研究室に，「この計画は成功するかどうか」の確率を求める依頼をした。研究室の学者たちは，あらゆる条件を詳細に検討した末，「成功まちがいなし」という報告をしたという。

そこで，1000万ドルを投じ，22のアトラクション（催場）を設け，1955年7月17日に華々しく開園したのさ。

明美さん　大事業の発足に『数学』が活躍するとは，スゴイわねー。

黎太くん　この種の研究は，その後さらに発展し，いまや各企業が支店を設立したり，工場を作ったり，新製品の製造を計画したりなど，あらゆる分野で"確率"応用が役立っているようですね。

『数学』が物理，土木建築などの理工系や天文学など，自然科学の道具的存在から脱皮し，"社会科学"方面に欠かせない学問になった初期の成果といえるのでしょうね。

道　博士　21世紀のコンピュータ時代では，"人文科学"の分野でも数学は不可欠となっているよ。

明美さん　難しい話はあとにして……。ディズニー・ランドでいろいろなアトラクションを見て回るのは大変ですね。行列の待ち時間や移動時間などもあるし，食事もしたいし，――。

黎太くん この問題は理論的にいえば，**一定時間に最大見学の方法？**，O.R.のことで，きちんと計画的にやると数多くを，上手に見て回れるよ。

道 博士 簡単な具体例で考えてみよう。

「ある遊園地で，480円で40分遊びたい。PとQの2つの乗物に少なくとも1回以上乗りたいし，P,Qの回数を最大にしたい。Pは1回80円で10分間。Qは1回120円で5分間である。

乗物P，Qを何回ずつどのように乗ったらよいか。（お金と時間を最大限有効に使う）」

黎太くん 条件を表と式にしてみます。

（表）

乗物＼1回	料　金	時　間
P	80円	10分
Q	120円	5分
合　計	480円	40分

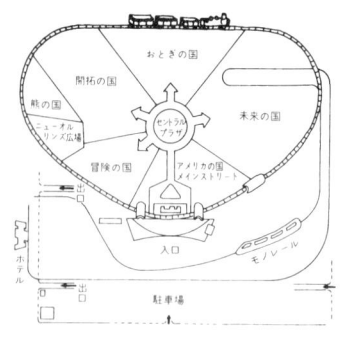

（注）創設当時の案内図

O.R.（作戦計画）

1. 線形計画法
   (例)工場，マンションの建設計画
2. 窓口の理論（待ち行列）
   (例)野球場などの窓口の数
3. ゲームの理論
   (例)スポーツなどの試合はこび
4. ネット・ワークの理論
   (例)本店と支店，販売店との通路
5. パート法
   (例)工場の流れ作業手順

詳しくは　83ページ参照。

（式）Pを x 回，Qを y 回乗ったとして（x, y は正の整数）

　　費用　$80x + 120y = 480$……①

　　時間　$10x + 5y = 40$……②

どちらも以内なので下の不等式になり，後グラフで解決します。

明美さん 方程式，不等式，さらにグラフの使用ですか。難しいけど，ちゃんと解決できるのですね。

質問 右の資料から，乗物P,Qはそれぞれ何回としたらよいか。

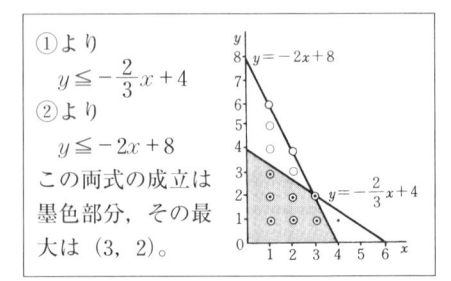

①より
$y \leq -\dfrac{2}{3}x + 4$

②より
$y \leq -2x + 8$

この両式の成立は墨色部分，その最大は (3, 2)。

第6航路　アメリカ西海岸とメキシコの古都

3　見事な芸　シー・ワールド

道　博士　いまでこそ『シー・ワールド』は各地にあって珍しくないけれど20数年前は，シャチやイルカのショーというと話題になった。

　ここは，メキシコ国境に近い，カリフォルニア州南端のサンディエゴの近くの町。各種のショーは右表のように開始時刻が決められている。

黎太くん　博士はわれわれに，「どういう順で見物して回るのが，より多く見られるか」，と質問したいのでしょう。

明美さん　「最小時間で最大数の会場7つを回る順をいえ」ですか。

道　博士　御名答だね。少し時間をやるから作ってごらん。

2人は，次の表を作った。

各ショー開始の時刻一覧表

時刻＼会場	①	②	③	④	⑤	⑥	⑦
9:30			○				
10:00						○	
10:30		○	○			○	
11:00	○		○				○★
11:30		○	○				○★
12:00			○			○	○★
12:30	○		○			○	○
1:00			○				○★
1:30		○	○			○	
2:00			○			○	
2:30		○	○				○
3:00	○		○			○	○★
3:30		○	○			○	
4:00			○			○	
4:30	○		○		○		
5:00			○			○★	○
5:30	○		○			○	
6:00		○	○	○		○	
6:30			○			○	
7:00			○				
ショー1回の時間(約)	25分	25分	25分	25分	55分	25分	55分

各会場への移動は，どれも5分以内とし，会場は途中入場させてもらえない。★は，本物の日本舞踊が加わるので55分。

黎太くんの案

10:00 10:30 11:00　12:00 12:30　1:30 2:00 2:25

③ ④ ⑤ ⑥ ⑦ ② ①

明美さんの案

1:00 1:30　2:30　3:30 4:00 4:30 5:00 5:25

⑥ ⑤ ⑦ ④ ② ① ③

質問　上とは別の方法を工夫してみよ。「遺題」（P.147）のヒント。

4
メキシコの古都巡り

1 メキシコシティとスペイン

道　博士　まず簡単にメキシコの歴史を，明美さんに調べてもらおうか。

明美さん　3〜7世紀，マヤ族がユカタン半島中心に「マヤ文化」を作る。その後アステカ民族が中央高原地帯で繁栄しましたが，1517年スペイン人コルドバがメキシコを発見し，21年コルテス（次ページ）が「アステカ帝国」を征服。以後300年間，スペイン統治。1821年に独立しました。その後少し混乱しましたが――。

黎太くん　現在は陽気なラテン系民族としてスペインの影響を残しながら発展しているのですね。日常語は何語ですか？

メキシコシティ市内
―大聖堂前の広場―

独立記念塔（高さ36m）

道　博士　現地語，スペイン語そして英語。小・中・高校の『数学教科書』を購入したくて出版社まで行ったが，レベルによって何種類もある。高級クラスだと日本より進んだ内容を勉強している。

高級中学校の教科書

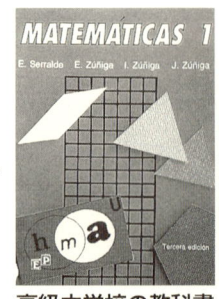

教科書出版社を探訪

2 太陽，月の遺跡テオティワカン

道　博士　メキシコシティの近くのテオティワカンは，紀元350～650年の間，大繁栄をし，当時これに匹敵するのは「ビザンチン帝国」（東ローマ帝国）の首都コンスタンチノープルぐらいといわれた。

　このテオティワカンの名は，13世紀にやってきたアステカ民族が，あまりの大遺跡に対して「神々の都」と称えたものといわれている。

黎太くん　この太陽と月の遺跡もその1つなのですね。

明美さん　政治，経済など，文化水準もずいぶん高かったのでしょう。でも原因不明で突如として滅亡したそうですね。

道　博士　歴史上では大繁栄した民族が，ある時を境に突如として消滅する，ということはよくあるのさ。「インカ文化」も。太陽と月の遺跡（ピラミッド）は神秘的で見事だったよ。

黎太くん　「アステカ文化」(1100～1519年)は，スペインの150人足らずの軍隊を率いたコルテスによって滅亡させられたのですね。

明美さん　平和主義もいいけれど，銃や大砲をもった戦争慣れした人や騙す人種にはつぶされるのだから，ナサケない！

いけにえの心臓を置く台座
—明日太陽が昇るためのエネルギーを奉納

オルメカ文化の巨大人頭像
—目的は不明—

> **質問**　日食，月食などの説明では，右のような，共通内接線・外接線が引かれて用いられる。
> 　2つの正確な作図をせよ。

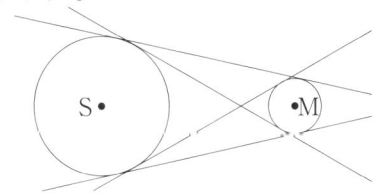

3 『暦のピラミッド』のチチェン・イッツア

道　博士　古今東西，世界中に『ピラミッド』（火の炎）が，千差万別，いろいろな形のものがあるが，私が最もあこがれたのが，チチェン・イッツアの『暦のピラミッド』なんだよ。長年見たくて見たくて……。

黎太くん　どこにそんな魅力があるのですか。

明美さん　写真を見ると，その安定した美しさにほれますネ。
　ところで，博士は登ったのですか？

道　博士　もちろんだよ。
　ガイドに案内され，林をすりぬけると，突如として広々とした平野が展開し，その真中に，美しい正四角錐型のピラミッドが見えた。その遠くに『戦士の神殿』がかすんでいる。

明美さん　何か目に浮かぶようですね。

黎太くん　あまり淡々として期待していたのが，少し失望ぎみだナ。

道　博士　ところが，オット，ドッコイ，だ。
　高い1段1段を数えながら踏みしめるように登っていると，空が一転にわかに曇り，突如の豪雨となった。
　この地方の一日一回のスコールだ。でも，神秘を感じたね。

『暦のピラミッド』
—「ククルカン」（羽毛の蛇）—

〔特徴〕

1．階段の数が365段
2．稜の段が9個
3．階段の両側の層18層
　（1年の月数）
4．各層のくぼみが52個
　（暦の周期年数）
5．春分，秋分の日の午前9時から「影の蛇」，午後4時から「光の蛇」となる。
　太陽の運行に合わせて蛇がゆっくり動くように見える。
6．この蛇の鼻の部分の影の延長線上に，その日の太陽が沈む。

第6航路　アメリカ西海岸とメキシコの古都

明美さん　まさにミステリー地帯なのネ。ピラミッドの頂上から見下ろした風景は幻想的で素晴らしかったでしょうネ。

黎太くん　そして数えた階段は91段だったのですか。つまり

$$91^{段} \times 4^{方面} + 1^{段} = 365^{段}$$
　　　（東西南北）（最上段）

という計算ですか。

道　博士　その通り！

　マヤ民族は，天文観測民族で，右上のような天文台が各地にあり，200～300年間継続的に観測を続けていた，といわれる。

　当時すでに1年間を365.2420日と計算した。

　現在は365.2422日で，その誤差はわずか17秒なんだよ。

黎太くん　ところで1年間の365は，不思議な数なんですね。

明美さん　でも計算すると5×73で，単なる素数の積でしょう。平凡な数と思うけど――。

黎太くん　右の分解はキレイだろう。

明美さん　そうそうトランプの数も，

$$\underbrace{(1+2+3+\cdots\cdots+12+13)}_{91} \times 4 + 1$$
　　　　　　　　　　　　　　　（種類）（ジョーカー）

となって365なんですね。フシギー。数って，結構おもしろいナ～～。

道　博士　人間の「ツボ」も365個とか。

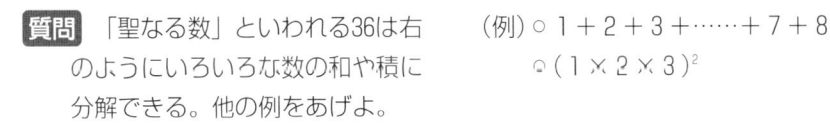

天文台（カラコル）
―通称　かたつむり―

$$5 \overline{)365} \\ 73$$

$$365 = 10^2 + 11^2 + 12^2 \\ = 13^2 + 14^2$$

365は「神の数」！

質問　「聖なる数」といわれる36は右のようにいろいろな数の和や積に分解できる。他の例をあげよ。

（例）○ $1+2+3+\cdots\cdots+7+8$
　　　○ $(1 \times 2 \times 3)^2$

119

船内お楽しみ ❻ 専門写真屋と展示室

　船旅（クルーズ）に限らず，旅行では，ほとんどの人がカメラやビデオを持参し，"旅の記念"に備えます。
　「クルーズ」でも，船の中の生活だけでなく，寄港地では「オプショナル・ツアー」でその国内の見学に出掛けますから，カメラ，ビデオがフル回転します。
　一般のツアー旅行と異なり，クルーズでは船専属の専門カメラマンがいて一日中，またツアーにも参加して，写真を撮りまくり，翌日には船内の写真展示室に貼り並べます。
　1枚は800円位で，本書にも，それを購入した写真が何枚かあります。サスガにプロ，良い場面を撮ってくれています。

どこにでも行くカメラマン

船内の案内にも
—Aは船員，Bは著者—

♬♬♬ できるかな？ ♬♬♬
　専門カメラマンの撮った写真が全部売れるわけではなく，相当のロスが出るようである。
　キャビネ版が市販で90円のときこの写真のロスは単純に考えてどれほどか。（売れ残りの確率）

すごい量の写真展示室
写真の下に記録があるのが特徴

第7航路

日本列島一周と東シナ海

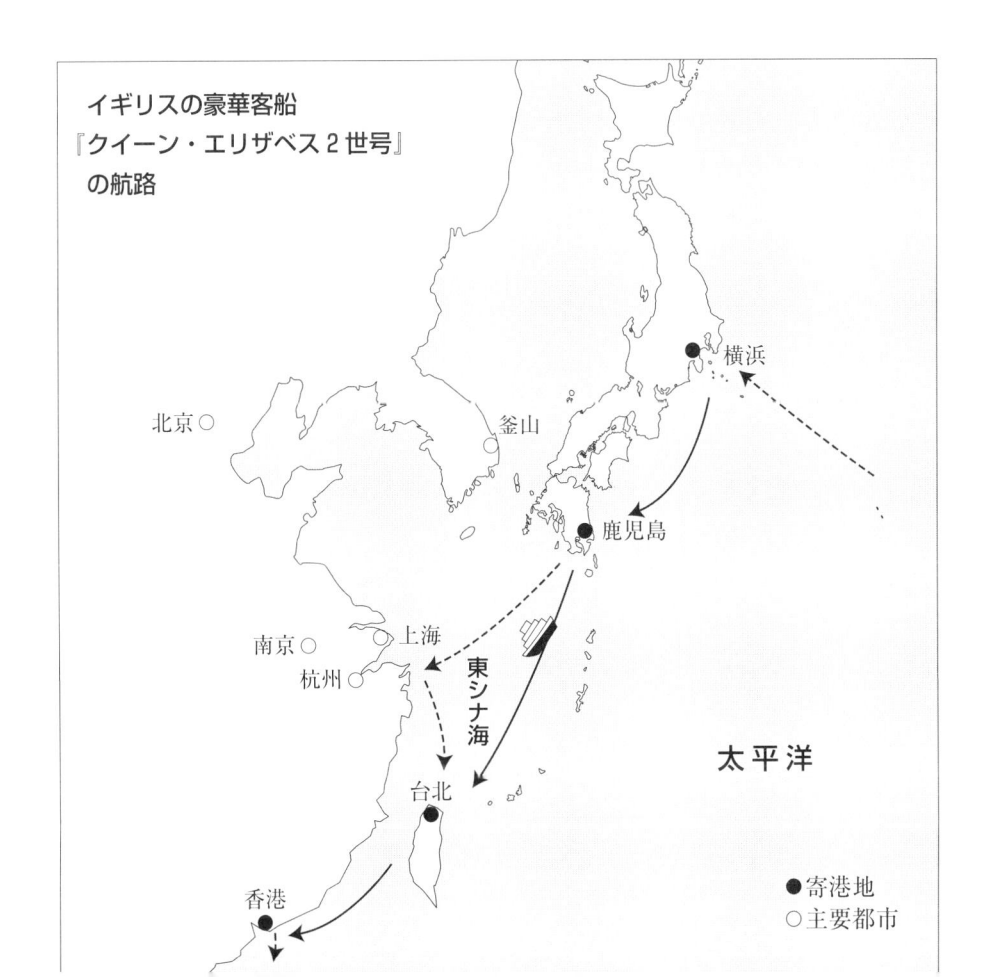

イギリスの豪華客船
『クイーン・エリザベス2世号』
の航路

横浜
北京○
釜山
鹿児島
南京○　上海
杭州○
東シナ海
台北
太平洋
香港

● 寄港地
○ 主要都市

1
まずは北上（反時計回り）

1　函館はペンタゴン

道　博士　さて，『クルーズ』による「**港湾数学都市**」巡りも，いよいよ最後の第7航路だ。

黎太くん　近年になって，大・島国？　アメリカが，財力によって巨大豪華客船を建造していますが，古い伝統をもっているところというと，四大海洋民族ということですね。

世界四大海洋民族
○ギリシア ○イタリア ○イギリス ○日本

明美さん　"**伝統ある船乗り**"といっても，民族差はあるのでしょう。

道　博士　相当はっきりしているよ。

　　○ギリシア船は，几帳面だがソフトな感じ。
　　○イタリア船は，陽気で，派手で楽しい。
　　○イギリス船は，地味で，高貴，品格をいう。
　　○日本船は，キメ細かく，お客歓待主義。

そんなわけで，私は日本列島一周の旅を2回（各10日間）楽しめたが，一方船内に「ほとんど外国人客のいない寂しさ」も感じたよ。

☆は鎖国時代の窓。

明美さん　外国人がいないとダメですか？

道　博士　『**クルーズ**』**気分**にならないネ。

第7航路　日本列島一周と東シナ海

黎太くん　そうでしょうね。外国人600人に対し，日本人20人という船なら，毎日外国旅行気分でしょう。

明美さん　日本列島一周の2回は，違うものですか？

道　博士　1回目はまず北上で，反時計回り，2回目はその逆だった。寄港地は，唐津がダブッタだけで他は異なり，5港ずつさ。

黎太くん　まず，**函館**，ここはどうでした？

道　博士　河野政通の建てた館が箱に似ていたので"箱館"。明治初期に函館と改称だ。ナントいっても北方漁業の基地だったので栄え，史跡『**五稜郭**』は有名だネ。

黎太くん　旧幕府海軍副総裁榎本武揚が8隻の船でこの地に逃げ，五稜郭を本営として独立政権を樹立し，後，官軍に降伏した，という由緒ある場所です。

明美さん　五稜郭は**星形五角形**でしょう。

道　博士　この形だと，守備に強いといわれている。西欧の城にも，こうした形がある。

〔参考〕ミケランジェロが神聖ローマ帝国の攻撃からフィレンツェを守るため，どの角度の大砲にも強い星形城郭を造った。

黎太くん　話は飛びますが，この星形五角形は『ピタゴラス学派』（紀元前5世紀）の徽章だったそうですね。

明美さん　ア！　そういえば，この形の中に**黄金比**がある，と習ったワ。

(注)数学用語では「五芒星形」という。

質問　星形五角形は「一筆描き」が簡単にできる。では星形六角形✡は「一筆描き」できるか。

五稜郭案内板

五稜郭―塔から見下ろす―

ペンタグラム（五芒星）

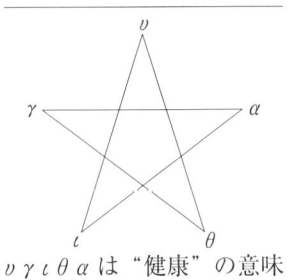

$υγιθα$ は"健康"の意味

黄金比をもつ形

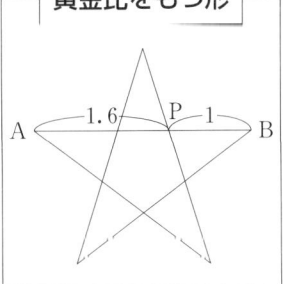

A ― 1.6 ― P ― 1 ― B

2　富山は近世の「情報集積」地

道　博士　次は富山。私の『クルーズ』参加の目的地の1つだよ。

明美さん　江戸時代から有名な薬の産地。

黎太くん　ぼくは，時代劇によく登場する，幕府の隠密役や藩忍者など内偵用の変相を思い浮かべます。

道　博士　中心の富山市は，港からタクシーで1時間もかかる場所にあり，帰船時刻のこともあって，調査がゆっくりできなかったよ。

黎太くん　隠密，忍者調べですか？

明美さん　数学者が，そんな時代劇調査などするものですかネェ～～～博士。

道　博士　イヤ，多少似たようなこともしたのさ。「時代劇愛好家」だから――。

　というのは，江戸時代の幕府が必要とした各藩の情報は，現代のように電話，無線もなく，なかなか得られない。

　ところが『富山の薬問屋』は，日本中に1200カ所もの拠点があり，それぞれに多数の"薬売り"行商人が配属され，一軒一軒「置き薬箱」を見て回っていたので，各家庭の事情に詳しくその全情報量は幕府中枢以上に正確だった，という。

黎太くん　情報管理，暗号解読なども，いまや数学の領域ですね。

明美さん　オヤオヤ，"薬売り"は古くて新しいお話なのね。

質問　この種類の数学は，現代では何というか。

3　新宮は江戸大火のささえ

黎太くん　**新宮**といえば紀州，紀州といえば『徳川御三家』の１つ。そして徳川八代将軍吉宗。その側近「江戸町奉行」大岡越前守とつながりますね。

明美さん　大発展の江戸，そして大火事の惨事ですか。

道　博士　そこに，紀州熊野出身の紀国屋文左衛門が材木問屋として登場するネ。

明美さん　博士の大好きな時代劇ですか。

道　博士　時代を調べるとはば同時代の上，郷土が同じ。
　　吉宗に，大岡越前と共に紀国屋が重職の位置におかれたのは当然だったろう。

> 徳川吉宗（1684〜1751）
> 文左衛門（1672〜1734）
>
> （逸話）暴風雨の中を，紀州ミカンを運び，江戸で大儲けをした。

黎太くん　新宮は，
- 熊野川の河口で回船寄港地
- 大貯木場があり，江戸と関係
- 『丹鶴城』跡あり，その城下町

丹鶴城跡頂上より　　**伝承文化掲示板**

という特徴があるそうですね。

道　博士　丹鶴城跡の上まで登ってみたが，ここに限らないけれど城下町が眼下に展開しておもしろいものだ。渡来人「徐福」の記念館もあるし，縄文人遺跡もあった。

|質問|　材木や米俵，あるいはミカンなどを大量に運ぶ大きな船のことを『**千石船**』と呼ぶという。米俵では何俵分あるか。
　　（注）室町時代からあったが，江戸幕府は五百石以上の軍船の建造を禁じたという。

2

次は南下（時計回り）

1 唐津は中国・西欧への"窓口"

道　博士　2回目の日本一周だったのでだいぶ慣れていたし，瀬戸内海の美しい大橋もタップリ観賞したよ。

黎太くん　横浜出航後，最初の寄港地は**神戸**だったのでしょう。

明美さん　オプショナル・ツアーで，『阪神・淡路大震災』の復興を見学したのですか？

道　博士　その予定だったのに，乗降客の入れかえだけで，すぐ出航してしまったのさ。

黎太くん　で，次は**唐津**ですね。

明美さん　地名は「唐の津（から）」に起源があるそうです。

道　博士　別説に「韓の津（から）」がある。古くから大陸方面との交易があり，幕末にはオランダ居留地があるなど昔から外国との窓口になっている。

黎太くん　玄界灘海域なので，漁業基地として発展したそうです。

明美さん　唐津城は美しいそうですね。

道　博士　その昔，豊臣秀吉の朝鮮出兵のおり，拠点として築城したというが，美景だ。そうそう前回寄港のおりは，豪雨で下船しなかった。

唐津城

天守閣からの展望
—遠く旧居留地，玄界灘—

質問　日本は中国の影響を受け，漢字，唐辛子などの語がある。漢唐がつく語をそれぞれ，3つずつ例をあげよ。

第7航路　日本列島一周と東シナ海

2　隠岐に伝わる秘話

黎太くん　このガイドブックを見ると，「隠岐」という島はないんですね。

明美さん　ウソ〜。だって有名でしょう。

道　博士　私も行くまで知らなかったよ。隠岐諸島といい，島前，島後という2つの島がある。私はその島後に行った。

黎太くん　本土の出雲から離れた小島で古くから朝鮮半島との交通の要所だったのですね。

明美さん　有名な話で，後鳥羽上皇や後醍醐天皇が"島流し"にされたところでしょう。

　　　　どんな島で，何があるのですか？

道　博士　船着場が浅い（現在，拡張工事中）ので，2万トン級の客船は近付けず，沖から快速艇で上陸した。

　　　　何というものはないよ。記念碑や神社があるくらいかな。あと島の名産。

明美さん　「島後」は，ほとんど円型の島で，珍しいですね。

黎太くん　縮尺がついているので，すぐ島の面積が計算できます。

道　博士　では計算してごらん。

質問　島の面積を求めるのに，物差しで長さを測る以外にどんな方法があるか。

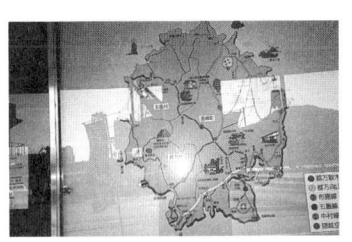

島全図の案内板

はしけ役「快速艇」

港の歌碑

隠岐諸島の中の最大島「島後」

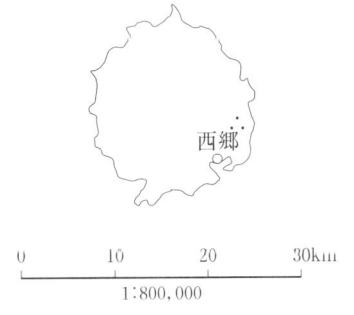

西郷

0　　10　　20　　30km
1:800,000

3 金沢は加賀百万石

道 博士 次の寄港地からの「オプショナル・ツアー」は,石川県の中央になる金沢だ。バスによるツアーとなった。

黎太くん 有名な加賀百万石の城下町。

蓮如上人が道場を開いたのが始まりで,16世紀に前田利家が入城し,ここはその城下町として栄えた美しい"小京都"と呼ばれる街ですね。

明美さん 金沢といえば『兼六園』でしょう。

日本三大庭園の1つですものね。

私は,この庭園の美しさが好きですが,それより毎年冬近くなると,枝振りの良い大きな木に柱を立て,雪よけ用のつり縄を放射状に張った風景が大好きです。

道 博士 これには日本中の人が興味をもっているだろうね。毎年この時期,職人の見事な作業風景が新聞,TVで報道されている。さて,ここで2人に問題だ。

柱に対して円錐を斜めに切ったとき,切り口は,次のどれか。

① 円　　② 楕円　　③ 卵型

右の図をヒントにして考えてごらん。

天下の名園『兼六園』の入口

雪よけ用つり縄は円錐形

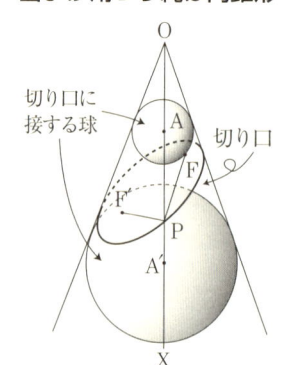

OXは2球の共通接線

〔ヒント〕
$PF = PA$
$PF' = PA'$
$\overline{PF + PF' = PA + PA'}$ (+
$= AA'$ (一定)

質問 昔,米中心時代では人間1人の主食は「1食1合」として計算された。1人1年間の米の量はどれほどになるか。また"百万石"は何人分か。

(注) 10合 = 1升, 10升 = 1斗, 10斗 = 1石

3

東シナ海の主要都市

1　横浜 ⇒ 鹿児島 ⇒ 杭州

黎太くん　2005年4月は，博士御夫妻の『金婚記念日』だそうですね。

明美さん　アラ～，オメデトウございます。もう，そんな年齢ですか？

道　博士　いや，ありがとう。
「記念の豪華旅行を！」と計画していたら，ナント，神様のプレゼントだ。世界に誇る『**クイーン・エリザベス2世号**』が，世界一周（110日間）のクルーズで，ちょうど，横浜港に入航する，という。早速，船会社に予約した。

英豪華客船
『**クイーン・エリザベス2世号**』
―ナントモ，長い長い船体―

黎太くん　世界一周ですか？

明美さん　スゴイ，スゴイ。私も一緒に行きたかったナ。

道　博士　いや，（鹿児島）→（台北）→（香港）の8日間だけ。つまり途中乗船，途中下船。香港からは飛行機で帰国だよ。

黎太くん　大きさなどスゴイのでしょう。

明美さん　何人位乗っているんですか？

道　博士　「シップ・データー」は右のようで，さすが大きい。船全体をなかなかカメラに収められなかったね。

黎太くん　これまで博士の乗った船はほとんど3万トン弱だったそうなので約2倍か。

シップ・データー	
総トン数	7万トン余
全　　　長	約300m
最高速度	32.5ノット
最大収容人員	1777名
乗　組　員	約1000名
客　室　数	949キャビン
乗客用デッキ数	13デッキ

質問　客船の総トン数の"トン"とは何か。　（注）内部は本書の「見返し」参考。

道　博士　ナニセ『金婚記念』なので，奮発して最高の「**スイート・ルーム**」にしたので，この写真のように豪華なキャビン（客室）だよ。全25畳位。大きな客室，寝室，洗面室に予備・冷蔵庫室。そして収納戸棚や引き出しは約30もある。大金持ちが世界一周できるゆったりした部屋だ。

黎太くん　2人でウン百万円，という費用でしょう。――約250万円――

明美さん　ルーム・サービスも最高でしょうね。担当メイドもいて。

道　博士　「スイート・ルーム」を選んだもう1つの理由は，この表だ。日本はもちろん，ギリシア，イタリア各船とも客室の階級は異なっても食堂はみな同じだった。ところがイギリスは格式を重んじる伝統が残り，船室階級で食堂が右の4階級に区別され，食事のレベルも違う。「格調とは何か」その雰囲気を味わってみたかった。

船室カテゴリー	レストラン
Qグレード	クイーンズ・グリル
Pグレード	プリンセス／ブリタニア・グリル
Cグレード	カロニア・レストラン
Mグレード	モーレタニア・レストラン

黎太くん　ゴージャス！　ですね。

明美さん　あの『**タイタニック号**』の映画を想い出します。100年たっても未だ区別があるのですね。

道　博士　金婚記念日の夜は，船長からケーキが贈られ，周囲の人々から盛大な拍手を受けたよ。

座席も"指定席"
専属ソムリエがいる

第7航路　日本列島一周と東シナ海

黎太くん　ではそろそろ『クルーズ』のお話を——。

明美さん　横浜出航後は，終日クルーズで一路**鹿児島**ですか？

道　博士　鹿児島へは何回も，講演や研究会で来ているので，定期バスで市中心の城跡と博物館などを見学したぐらいだ。

黎太くん　前の話に出た，「"富山の薬売り"と情報」ではありませんが，薩摩藩は藩独特の方言によって情報管理をしていたのはスゴイですね。

黎明館　旧制第七高等学校造士館

明美さん　『クルーズ』は，鹿児島の次は**中国の杭州**へですか？

道　博士　実はそこへの寄港はなかったのだが，数学研究家としては何としても寄って欲しかったので，一言ここの話をしておきたい。

黎太くん　中国数学史上では，いつ頃活躍したのですか？

明美さん　世界的に有名な美都といわれていますね。"**西湖**"の名は私も知っています。

道　博士　12世紀に**宋**王朝が異民族**金**に追われ南方に逃げた。その**南宋**が『杭州』を首都として始まり，約150年間**数学黄金時代**を築いたね。調査で2回探訪をしたが，有名な本に，

　○『数書九章』（秦九韶）
　○『楊輝算法』（楊輝）
　○『算学啓蒙』（朱世傑）
　○『四元玉鑑』（朱世傑）

後に，『算法統宗』（程大位）がある。

杭州を代表する"西湖"

黎太くん　この『**算法統宗**』が，日本へ伝わり，『**塵劫記**』（吉田光由）が作られたのですね。

明美さん　江戸300年間の，寺子屋など庶民教育用の算数教科書でしょう。

増冊『算法統宗』
—故・白尚恕北京師範大学教授から贈呈の本—

[質問]　『塵劫記』の内容を調べよう。

2 台北と周辺の名所

黎太くん 台北に寄るとなると寄港地は基隆ですね。

明美さん 博士, 地図を見せてください。
アラ～, 台北市は, だいぶ内陸にあるのですね。
「オプショナル・ツアー」ですか？

道 博士 そういうことになるよ。
つまり
(基隆)→(忠烈祠)→(故宮博物院)そして有名な圓山大飯店で, 高級で美味な"飲茶料理"となる。そのあと(金山跡)→(九份)→(基隆)。

明美さん 九份ってどんなところですか？

道 博士 台湾映画『悲情城市』の舞台になったところで, 豎崎路という長い石段があり, ここは日本アニメ『千と千尋の神隠し』的な雰囲気だよ。

明美さん アラ！ 行ってみたいワ。

黎太くん そんなに幻想的な場所ですか。

道 博士 往きは急坂で両脇に飲食店, 土産物屋がゴチャゴチャ, 帰りは長い, 長い階段で両脇にコーヒー店, 茶芸館や宿屋などレトロな店が並び, 疲れたね。

黎太くん その昔は金鉱の街として栄えたそうですね。

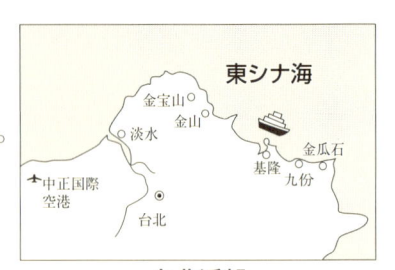

台北近郊
―金宝山にテレサ・テンの墓所―

基隆の港

九份の豎崎路

質問 "九份"とはどんな意味か。中国では古代から『九』を最高の数としている。その理由も考えよ。

第 7 航路　日本列島一周と東シナ海

道　博士　台湾へは，私本人が行く前に，私の著書が翻訳されて，早や 5 冊位行っているのだよ。たとえば右の 2 冊の表紙の本は，
　○『万里の長城で数学しよう』（黎明書房）
　○『第 2 次世界大戦で数学しよう』（黎明書房）
で，そのほか，下のような版権料の資料もある。参考までに──。

『万里の長城で数学しよう』

```
　　　　　海外版権料送金についてのお知らせ
　この度先生のご著書の海外出版による版権料の収入がございました。
　契約出版社名：稲田出版（台湾）
　書　　　名：万里の長城で数学しよう　　以下，明細参照
　著　者　名：仲田紀夫
```

原題『第 2 次世界大戦で数学しよう』

2　人　スゴイですね博士。世界的！

3　香港，ショッピング以外の顔

道　博士　一口に**香港**というが，香港島と九竜半島の一部，さらに 266 の島を言うのだ。

黎太くん　歴史は古いのですか？

道　博士　5000 年前から遊牧民が住んでいたが，海賊に荒らされ続けたようだ。

明美さん　**アヘン戦争**（1840〜1842 年）でイギリスの領有地になったのですね。（1997 年返還）

港内にそそり立つビル群

道　博士　100 年の歴史をもつマンモー寺院，ランタオ島の美しいビーチと香港最大の修道院「ボーリン寺」など見学場所は多い。
　さて，ここで豪華客船とお別れだ。

レバルスベイの寺院
─色彩も形もハデ─

133

4

"韓国" 近くて遠〜い半島

1 朝鮮半島と日本

黎太くん 今度の『クイーン・エリザベス2世号』の寄港は

（日本）→（台湾）→（中国）

のようですが，韓国は寄らなかったのですか？

明美さん 現在の韓国は，文化・文明とも高い上，経済的にも豊かなので，『クルーズ』も盛んでしょうから寄ればよかったのに——。

道　博士 そういえばそうだネ。どうせこの『クルーズ』は回り道しながら世界一周するのだから……。

黎太くん それはそうと，博士は韓国へ何回行っているのですか？

道　博士 それがね。失礼ながら，

中国	4回	
ギリシア	3回	など，何度も行っている国があるのに——。
イタリア	3回	
………		

まだ一度も行っていない。失礼と思う。でも，下調べは色々やってきている。

黎太くん あまり長期間の平和はない半島だったし，日本が干渉していますね。

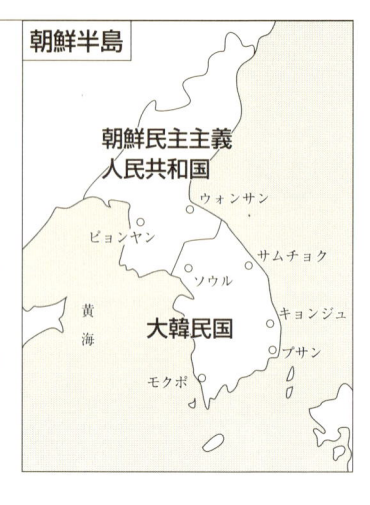

【朝鮮半島】（地図：朝鮮民主主義人民共和国，ウォンサン，ピョンヤン，サムチョク，ソウル，キョンジュ，黄海，大韓民国，プサン，モクポ）

【朝鮮史】

紀元前37	高句麗建国
紀元331	新羅・百済同盟
538	百済王「仏教」を日本へ伝える
562	伽耶（任那）滅亡
660	百済，唐に下る
668	高句麗滅亡
676	新羅，三国統一
892	後百済建国
918	高麗建国
935	新羅滅亡
936	高麗半島統一
1392	高麗滅亡，朝鮮成立
1592〜96	豊臣秀吉，朝鮮へ出兵
1910	日韓併合
1948	2つの政府誕生

（注）高麗は蒙古と共に日本を攻めたことがある。

第7航路　日本列島一周と東シナ海

2　日本への貢献

明美さん　私が習ったのでは，4世紀に3つの国が成立し，対立した，といいます。日本の奈良・平安時代（8世紀以降）より大分古いですね。

道　博士　紀元前108年に，『朝鮮』（衛氏）が漢の武帝に滅ぼされているので，その後は漢文化が輸入され，日本より進んだ国だ。

黎太くん　**百済から日本へ**

　405　漢字伝来 ）
　538　仏教伝来 ）など，影響度が高いですね。

当然，百済の人々が日本を訪れていたでしょう。

明美さん　6世紀以降は，「遣隋使制度」で，直接中国大陸から文化・文明が伝えられたわけで，その前は，"朝鮮経由の伝来"となったのですね。

道　博士　百済から易博士，暦博士が来たり，僧観勒（かんろく）が暦本，天文，方術，遁甲の書を献上したという。

　『度量衡』（尺貫法）や「時の制」も入ったね。

黎太くん　当時，算博士もいたそうで，"**博士**"の名称も古いですね。

明美さん　『算』の古字は筭で，これは「竹を弄（もてあそ）ぶ」が語源だといいます。

質問　右に算数・数学にかかわる語が並んでいる。このうち**算置**だけ異質だが，どんな意味か？

三国対立

建国
313　高句麗（北部）
346　百済（馬韓）
356　新羅（辰韓，弁韓）

（注）高句麗を日本では高麗（こま）と呼ぶ。

伝来学問

4世紀　暦，易，天文，機械
6世紀　暦，易，中国数学
7世紀　遣隋使・遣唐使による
　　　　「算経十書」など

○算博士
○算籌（さんちゅう）（筮竹（ぜいちく））
○算木
○算置
○算術
○算経

3　韓国へ"御礼参り"の旅を！

道　博士　日本と朝鮮半島の歴史を調べてみると，中国文化の経由地であり，伝来役のほか，各種技術者（陶工，製鉄技術者など）の渡来，帰化人の貢献など，日本の発展にずいぶん尽くしてきている。それに対して，どうも"朝鮮出兵"や併合など悪いことをしているネ。

黎太くん　「歴史から学べ」ですか。

明美さん　なんだか『クルーズ』と関係なくなってきましたね。

道　博士　ここ10年来，右のような私の本が，つぎつぎ，もう30冊位韓国で翻訳図書が発刊され，個人的にも大いに感謝しているのだ。

黎太くん　版権料も相当いただいたり――。

明美さん　私たちも，"韓国御礼参り"に連れていってください。

道　博士　いま，韓国の中・高校生の数学力のレベルは高い。少し，勉強し，参考にしたい。

黎太くん　近年，韓国，インドのIT技術向上で，両国の数学熱もすごいそうですね。

道　博士　数学誕生地や発展地はどこにあるか調べ，「韓国周遊」を計画しよう。

質問　大変「数学(論理)的」に組み立てられている，"ハングル"について調べよう。この構成をヒントにして，下の暗号文を読め。
$B_1K_1B_5B_3E_2A_2B_5A_3$

『タージ・マハールで数学しよう』

『壁を越える知恵』

海外版権料送金についてのお知らせ
この度先生のご著書の海外出版による版権料の収入がございました。
契約出版社名：Jaeum ＆ Moeum Publishing Co.（韓国）
書　　名：タージ・マハールで数学しよう　以下，明細参照
著　者　名：仲田紀夫

ハングル

	ㄱ	ㄴ	ㄷ	ㄹ	ㅁ	ㅂ
ㅏ	가	나	다	라	마	
ㅑ	갸	냐	댜	랴	먀	
ㅓ	거	너	더	러	머	
ㅕ	겨	녀	뎌	려	며	
ㅗ	고	노	도	로	모	
ㅛ						

船内お楽しみ ❼ 船内散策

見送り "出航のテープ"

出迎え "歓迎太鼓"

前甲板「早朝ラジオ体操」

楽しい「甲板ゲーム」

華やかな最終日前日の "船祭"

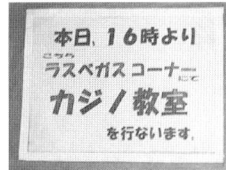

『カジノ教室』案内

演芸ショー

いざ、華麗な『フォーマルの会』へ！

"できるかな？"の解答

第1航路（36ページ）

- indivisible は 割り切れない（整除されない）
- inequality は 不等式（等式でない）
- infinity は 無限大（有限でない）

第2航路（54ページ）

- 黒41，白23で黒の勝ち。

第3航路（68ページ）

- 不思議トランプの「種あかし」（図の半截のクイーンに注目）
- ストローの手品は，説明図が複雑で絵にしにくいので省略（各自挑戦してみよ）
- 「ひも」の①は右のように結ぶ。

縦結びにならないようにする

第4航路（84ページ）

「華麗な数学」の例

- 計算

```
    1 2 3 4 5 6 7 9
  ×             9
  ─────────────────
    1 1 1 1 1 1 1 1 1
```

- 数式

$\sin^2\theta + \cos^2\theta = 1$

$e^{\pi i} + 1 = 0$

- 図形

正多面体の双対性

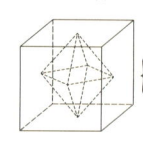

正六面体
正八面体

第5航路（102ページ）

古来有名な"三上"（枕上(ちんじょう)，厠上(しじょう)，鞍上(あんじょう)）の他，入浴中，テレビを見ていて，バスの中，食事中などがあった。つまり，意外な場面でヒラメキは起きる。

（注）厠はトイレ，鞍は馬上。

第6航路（120ページ）

1枚90円でできるものを800円で売っているので，約1：9。つまり，ロス（売れないもの）は9割近い。

"質問"の解答

第1航路

(22ページ)

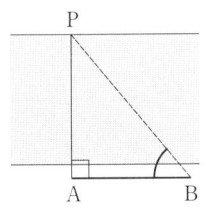

浜辺の点Aから PA⊥AB となる AB をとり、これを一定の長さとしP, Bを結ぶ。∠PBA を測り、直角三角形 PAB の縮図を描き、それによって PA の長さを求める。
（別解もある）

(23ページ)

右の相似形から、相似比

$$\frac{1}{1.2} = \frac{x}{175.2}$$

$$\therefore x = \frac{175.2}{1.2} = 146 \quad \underline{146\text{m}}$$

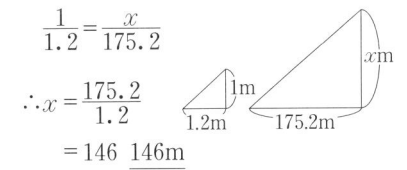

(24ページ)

2本とも直線なので、

$a + c = 180°$
$b + c = 180°$
　よって　$a = b$

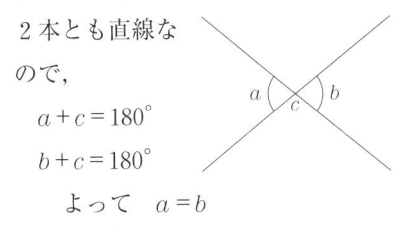

(27ページ)

Aは体積2倍だが立方体でない。
Bは立方体だが体積8倍。

(28ページ)

まず三角形APQの高さを半分にすると、長方形 RPQS は三角形と面積が等しい。次に、右の作図により正方形の1辺 UQ を得る。

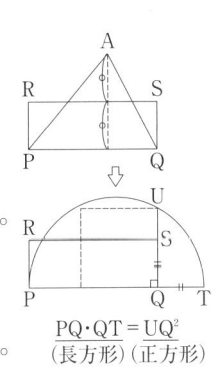

$\underset{(長方形)}{PQ \cdot QT} = \underset{(正方形)}{UQ^2}$

(29ページ)

エピメニデスもクレタ人なので

① 彼も嘘つきとなる。
② 嘘つきの言ったことは嘘なので、クレタ人は嘘つきでない。
③ すると、嘘つきでない人の言ったことは正しいので…(循環論法)

(31ページ)

(1) 不足数14, 完全数28, 過剰数18

(2) 三角数　1, 3, 6, 10, …
　　四角数　1, 4, 9, 16, …
　　三角錐数—正三角錐になる数
　　　　　　 1, 4, 10, …

(3) 三平方の定理, 他。

(35ページ)

点——位置だけであって、大きさはない。
線——長さだけあって、幅はない。

第2航路

(41ページ)

風に向かって帆を45°にすると，風の方向に船は進む。

(42ページ)

この地とナイル河河口のアレキサンドリアとを使って，地球の大きさを測定した（52ページ参照）。

(43ページ)

〔作図6〕点Pからlに弧を描き交点をA，Bとし，2点A，Bを中心として描いた交点とPを結ぶ。

〔作図7〕AB，ACそれぞれの垂直二等分線の交点Oが中心。

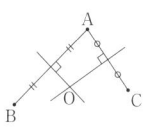

〔作図9〕線分ABのAの方に∠BAT＝aをとり，AでのATの垂線とABの垂直二等分線の交点を弧の中心Oとする。

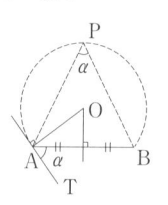

(44ページ)

立てかけたハシゴの「上り下り実験」

45°―全員前向きで上下する。

50°―どちらか迷う人がいる。

60°―全員前向きに上り，後ろ向きで下りる。

(注)住宅の階段は45°，駅は30°前後。

(46ページ)

補数―和が10になる2つの数のこと。
　　　（例）2と8，4と6
　　　余数ともいう。

等差級数―前の数との差（公差）が一定の数の和。（例）3＋6＋9＋…

等比級数―前の数との比（公比）が一定の数の和。（例）5＋10＋20＋…

(47ページ)

(2) $\frac{4}{9} = \frac{12}{27} = \frac{9}{27} + \frac{3}{27} = \frac{1}{3} + \frac{1}{9}$

(4) $\frac{8}{15} = \frac{16}{30} = \frac{15}{30} + \frac{1}{30} = \frac{1}{2} + \frac{1}{30}$

(48ページ)

920円 − 200円 ＝ 720円

720円 ÷ 6 ＝ 120円　　　　<u>120円</u>

(49ページ)

円の直径をRとすると，(R＝2r)

$\left(R - \frac{R}{9}\right)^2 = \frac{64}{81} \cdot R^2 = \frac{64}{81} \cdot (2r)^2 \fallingdotseq 3.16 r^2$

(51ページ)

(1)「何で学ぶか」と質問した弟子に，金を与えてクビにした。

(2) プトレマイオス王が「もっと易しく学べないか」の質問に，「幾何学に王道なし」と答えた。

(53ページ)

(1) どちらも　球：円柱＝2：3

(2) x歳とすると

$\frac{1}{6}x + \frac{1}{12}x + \frac{1}{7}x + 5 + \frac{1}{2}x + 4 = x$

$\frac{9}{84}x = 9$　∴$x = 84$　　　　<u>84歳</u>

"質問"の解答

第3航路

(56ページ) 
遠征参加将兵たちが十字架を記章としてつけたことに由来。

(58ページ)
この本は13世紀初頭だが,『小数』の誕生はず～と後の16世紀だからである。

(60ページ)
(1) ハガキやタバコの形,パリの凱旋門のように,横と縦の比がそうなっているもの。 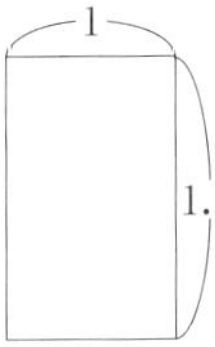
　　パルテノン神殿のように横と縦が逆でもよい。
(2) 写真や絵のように地平線,水平線でつくる区分の比でもよい。ミロのビーナスのヘソや着物の帯〆の位置など。

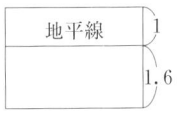

(61ページ)
「白馬は馬ならず」「飛矢不動」など。
〔参考〕中国で,紀元前4世紀頃「春秋戦国時代」があり,政治や戦略に優れた人材が求められた。この時誕生したのが"諸子百家"で,このうち
　儒家——孔子,孟子などの正論派
　　道家　　老子,荘子などの邪論派
の2大思想家の対立があった。

(62ページ)
○ 整然とした道路と家並　（設計術）
○ 政治討論の大広場　　　（論理学）
○ 人口2万余人の生活　　（経　済）
○ 近隣との商業活動　　　（算　術）
○ 港の整備　　　　　　　（航　路）
など,活気のある街の裏をささえた数学が想像された。

(65ページ)
『モンテカルロ法』とは,元来「確率に関係ない問題」を確率を使って解決する方法をいう。この地で発見されたことで,この名がある。
たとえば,円の面積を求めるのに,乱数表を使い近似値を得るなど。最新数学の『O.R.』(83ページ)や情報理論に利用される。

(66ページ)
○定規,コンパス
○平行線作図　　○パンタグラフ
　　　　　　　　　　（拡大・縮小器）

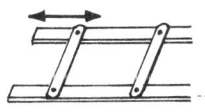

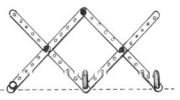

○角の三等分器　○雲形定規

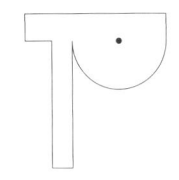

第4航路

(71ページ)

(1) キリストの逝去年齢が33歳。

(2)
偶数
10	12	2
0	8	16
14	4	6

（中心 8，和 24）

奇数
11	1	15
13	9	5
3	17	7

（中心 9，和 27）

(72ページ)「数の配置はデタラメなのに，三方の数の和が一定」というデタラメの公平性が利用できる。

農事研究，標本調査，人事配置，学校の掃除当番など

※星陣と円陣の答。

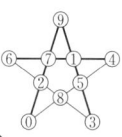

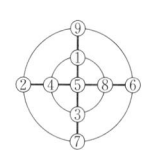

(73ページ)

平面の形，面積など求めるのに，まず基線を定め，そのあと「三角形の決定条件」を利用して，つぎつぎ三角形の網を作って平面を埋めていく方法。

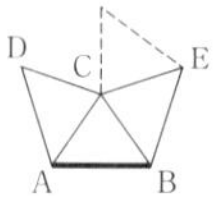

（形を決めることにより，2点間の長さも求められる。）

(74ページ)

大体，室町時代の頃から江戸初期。

(注)元寇は1274年と1281年。つまり13世紀鎌倉幕府。

(76ページ)

船のゆれは { ピッチング（上下） / ローリング（左右） }

とあり，ローリングに対して構造上の工夫がある。29＞3×8なので「船のゆれ」は小さい。

(78ページ)

当時，多人数でろをこぐスピードの出る中型船『ガレー船』があったが割り算（分数形）の計算方法がその形に似ていたのと，素早く計算ができることから，その名が生まれた。15世紀イタリアの数学者パチリオの発案。

(79ページ)

$$48 + 35 = 48 + 32 + 3$$
$$86 - 29 = 86 - 30 + 1$$
$$57 \times 12 + 57 \times 38 = 57 \times (12 + 38)$$
$$= 57 \times 50$$
$$48 \times 52 = (50 - 2)(50 + 2)$$
$$= 50^2 - 2^2$$

など

(80ページ)

(1) ×は34×27の縦書き×。÷は $\frac{5}{8}$ の形から。

$$\begin{array}{r} 34 \\ \times \\ 27 \end{array}$$

演算は命令，計算は操作。

(2) 要素　5，a，x

　　標識　π，i，e（1つの数）

　　関係　＝，∥，⊥

　　操作　＋，（　），∫

(83ページ)

「シラミツブシ法」や「篩方式」。

"質問"の解答

第5航路

(87ページ)
| 変化のグラフ　折れ線グラフ
| 割合のグラフ　円グラフ
| 比較のグラフ　棒グラフ　など。

(88ページ)
焼失金額は5000万円×2＝1億円
これを1000軒で負担するので
1億円÷1000＝10万円
　　　　　　　つまり年10万円
生命保険は天文学者のハレーによる。
(ハレー彗星で有名)

(89ページ)
(1)　鳥の配列　　農　地

A	B	C	D	E
D	E	A	B	C
B	C	D	E	A
E	A	B	C	D
C	D	E	A	B

(2)　① 時間，経費，手間の節約(世論調査など)
　　② 製品全部を調べたら困るとき（缶詰製造など）
　　③ 膨大で調査不可能のとき（川や海の汚染など）

(92ページ)
北方—雪がよく降る。人口が少ない。
南方—雨がよく降る。人口が多い。
物資の運送を，南は船，北は馬によった。

(93ページ)
(1)　諸等数— 3時間40分，5m20cmなどのように名数（単位）が2つ以上のもの。

(2)　三数法—
　　(定価)×(割引率)＝(割引金)
のようなA×r＝Bの3数の関係をいう。現在の「比の三用法」。

(3)　混合算—加減乗除の四則が交じった問題や計算式。

(4)　小切手—現金の代わりに相当する紙。当座預金の中から，相手に支払うことを銀行に委託する証券。

(96ページ)
1点を通る線の数が奇数本の点を，「奇点」といい，
| 奇点0のとき，どこからでも描ける。
| 奇点2のとき，一方を出発点，他方を終点とする。
| 奇点4以上のとき，不可能。
がルールとなる。(奇点1，3などない)

(97ページ)　(1)〜(4)，どれも2になる。

(99ページ)
(表裏)と(裏表)とがあり，場合の数は4通りなので，(表表)は$\frac{1}{4}$。

(100ページ)
場合の数を数えると9は25通り，10は27通りで，10の方が出方が多い。
(注)(1, 2, 6)は1通りでなく6通り。

(102ページ)　180°

第6航路

(105ページ)

1. 同じ島内で日付がちがうと不便なので，島を避けるため折れ線にした。
2. 日付変更線をこえたので1日分ふえ，世界記録となった。

(106ページ)

(1) 1, 6, 12, 18, 24
　　最初は5であとは6ずつ順に加えていく。

(2) 3, 9, 15, 21, 27
　　つねに6ずつふえる。

(107ページ)

右の図で，直角三角形AHBで 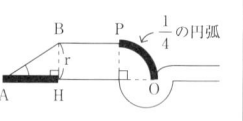
$AH = \overset{\frown}{OP} = \dfrac{2\pi r}{4}$
よって $AH = \dfrac{\pi r}{2}$
これより $\tan\angle A = \dfrac{BH}{AH} = \dfrac{r}{\frac{\pi r}{2}} = \dfrac{2}{\pi}$
$\dfrac{2}{\pi} \fallingdotseq 0.64$
よって $\angle A \fallingdotseq 32.5°$ （一定）

(109ページ)

$e^{\pi i} = -1$, $16^{.5} = 16^{\frac{1}{2}} = \sqrt{16} = 4$
$3! = 3 \times 2 \times 1 = 6$, $64^{\frac{2}{3}} = (\sqrt[3]{64})^2$
$= 4^2 = 16$, $1111_{two} = 15$

(110ページ)

二等辺三角形の両2辺がわずかにひろがっている。

(111ページ)

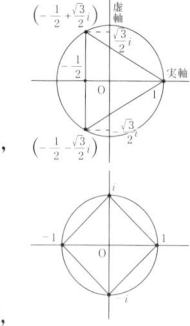

ガウスは複素数を視覚化させるため，実軸と虚軸とによる「複素平面」というものを考案した。これによって，
純三次方程式 $x^3 - 1 = 0$ は
$(x-1)(x^2+x+1) = 0$ より3つの解
$1, -\dfrac{1}{2} \pm \dfrac{\sqrt{3}}{2}i$
を座標上にとり，正三角形を作った。
同様に純四次方程式も $x^4 - 1 = 0$ は
$(x^2-1)(x^2+1) = 0$ から4つの解
$\pm 1, \pm i$ から正方形を作った。
これから純十七次方程式も正十七解が作れることを証明した。

(112ページ) Aと10〜Kが同じマーク。

(114ページ) Pが3回，Qが2回。

(115ページ) 略

(117ページ)

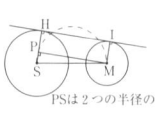

共通外接線―2円
の中心S，Mを結び，これを直径とする円を描く。この円弧を，2つの円の半径の差でSから切り，点Pを定める。（∠SPMは直角）SPを延長し，円Sの円周との交点をHとし，PM∥HIとなるIをとると，これは円Mの接線となる。（内接線は略）

(119ページ)

$(1+2+3)^2$, $1^2 \times 2^2 \times 3^2$, $1^3 + 2^3 + 3^3$
$3! \times 3!$　などいろいろある。

第 7 航路

(123ページ)
星形六角形は一筆描きできる。

(124ページ)
4ページの『数学』の種類より,「5. 応用数学」に入る。

(125ページ)
1石は2.5俵分なので,
　$2.5^俵 \times 1000 = \underline{250^俵}$

(126ページ)
漢　　漢数字,漢詩,漢方薬
唐――唐茄子(なす),唐詩,唐変木

(127ページ)
① 島の形を厚紙で作り,これと単位図形との重さの比から求める。
② 方眼紙を使い,そのマス目の数を数える。

(128ページ)
米俵1俵の重さは60kgで
　$1石 = 2.5俵$ より,　$\underline{1石 = 150kg}$
人間1人1年分は「1日3合」より
　$3^合 \times 365 = 1095^合$
よって約1石となる。重さ150kg 百万石は,約百万人分の米。

(129ページ)
貨物船の酒樽をたたく音のトンからきたものといい,樽の数量が基準という。軍艦の場合は排水量だが,客船は異なる。

(131ページ)

『塵劫記』(1627年)の目録

第1	大数(かず)の名の事	(上巻)
第2	1よりうちの小数(かず)の名の事	
第3	一石よりうちの小数の名の事	
第4	田の名数の事	日常の必須
第5	諸物軽重の事	
第6	九九の事	
第7	八算割りの図付掛け算あり	
第8	見一の割りの図付掛け算あり	
第9	掛けて割れる算の事	
第10	米売り買いの事	米俵
第11	俵まわしの事	
第12	杉算の事	
第13	蔵に俵の入り積りの事	
第14	ぜに売り買いの事	
第15	銀両がえの事	金銭計算
第16	金両がえの事	
第17	小判両がえの事	
第18	利足の事	
第19	きぬもんめんの売り買いの事	
第20	入子算の事	(中巻)

(132ページ)
九份は昔9戸の小さい村だった。船で運ぶ物はいつも9戸分(份)。そこで,九份と呼ばれるようになった。「九」は中国では"皇帝の数"とされ,大扉の鋲の数など九にこだわっている。

(135ページ)
算置とは「計算請負所」(算所)というところの計算師のこと。

(136ページ)

	A	B	C	D	E	F	G		J	K
1	A_1	B_1	C_1	D_1	E_1	F_1				
2	A_2	B_2	C_2	D_2	E_2	F_2				
3	A_3	B_3	C_3	D_3	E_3	F_3				
4	A_4	B_4	C_4	D_4	E_4	F_4				
5	A_5	B_5	C_5	D_5	E_5	F_5				

上の解読表により
　$B_1 \ K_1 \ B_5 \ B_3 \ E_1 \ A_2 \ B_5 \ A_3$
　カ　ン　コ　ク　ニ　イ　コ　ウ

おわりに

　1980年，埼玉大学助教授就任と同時に，"教材開発"を主目的とする「世界数学ルーツ探訪旅行」を始め，第1歩がアメリカにおける国際数学教育者会議への参会であった。

　1．偶然，この出発1週間前に黎明書房の武馬久仁裕氏（現社長）から，「中・高向けの興味深い数学読み物を――」と御依頼があり，その結果**『ディズニーランドで数学しよう』**（初版本『数学のドレミファ』）を発刊した。（1981年7月）

　2．以来，年2回ほどのペースでルーツ探訪旅行を続け，このシリーズは10巻までとなり，世界旅行も40回近くなった。後期の5年間はクルーズによるもので，その総しめくくりが本書である。

　3．武馬久仁裕氏とは，はからずも，27年余のおつき合いとなり，その間数学物語，パズル系など30余冊を発刊させていただき，私にとって貴重な友人の1人である。数々の図書が，韓国，中国，台湾などで翻訳された。

『クルーズで数学しよう』企画成立の乾杯！

〔**余談**〕2007年3月には，拙著の一部が，**独協医科大学**で入試問題（次ページ）に採用された。（1999年には静岡大学でも別図書から）

　"次ページの問題"は，読者への**『遺題』**――江戸時代の伝統で，著書の巻末に解答のない問題を出し，読者へ挑戦させた――として捧げる。

遺題 "大学入試問題"

次の文を読んで，下記の問に答えなさい。

デパートの花器売り場に来たお客が，鉄製，竹製，セトモノ製それにガラス製の花器を1つずつ買った。店員はそれぞれを箱づめし，包装してお客に渡すが，ここには箱づめ係1人，包装係1人で流れ作業的に仕事をする。箱づめ，包装にはそれぞれ右の表のように時間がかかるが，箱づめ・包装される花器の順番を変

係＼種類	箱づめ係	包装係
鉄	3分	9分
竹	5分	5分
セトモノ	8分	4分
ガラス	12分	6分

えることで，この仕事に要する総時間の最小，最大が決まります。最小，最大になる組み合わせを以下のa～xから3つずつ選びなさい。

- a 鉄→竹→セトモノ→ガラス
- b 鉄→竹→ガラス→セトモノ
- c 鉄→セトモノ→竹→ガラス
- d 鉄→セトモノ→ガラス→竹
- e 鉄→ガラス→セトモノ→竹
- f 鉄→ガラス→竹→セトモノ
- g 竹→鉄→セトモノ→ガラス
- h 竹→鉄→ガラス→セトモノ
- i 竹→セトモノ→鉄→ガラス
- j 竹→セトモノ→ガラス→鉄
- k 竹→ガラス→鉄→セトモノ
- l 竹→ガラス→セトモノ→鉄
- m セトモノ→鉄→竹→ガラス
- n セトモノ→鉄→ガラス→竹
- o セトモノ→竹→鉄→ガラス
- p セトモノ→竹→ガラス→鉄
- q セトモノ→ガラス→鉄→竹
- r セトモノ→ガラス→竹→鉄
- s ガラス→鉄→竹→セトモノ
- t ガラス→鉄→セトモノ→竹
- u ガラス→竹→鉄→セトモノ
- v ガラス→竹→セトモノ→鉄
- w ガラス→セトモノ→鉄→竹
- x ガラス→セトモノ→竹→鉄

(仲田紀夫著「ディズニーランドで数学しよう」より抜粋

《出題の都合により一部改変》)

著者紹介

仲田紀夫

1925年東京に生まれる。
東京高等師範学校数学科，東京教育大学教育学科卒業。（いずれも現在筑波大学）
（元）東京大学教育学部附属中学・高校教諭，東京大学・筑波大学・電気通信大学各講師。
（前）埼玉大学教育学部教授，埼玉大学附属中学校校長。
（現）『社会数学』学者，数学旅行作家として活躍。「日本数学教育学会」名誉会員。
「日本数学教育学会」会誌（11年間），学研「会報」，JTB広報誌などに旅行記を連載。

NHK教育テレビ「中学生の数学」（25年間），NHK総合テレビ「どんなモンダイＱてれび」（1年半），「ひるのプレゼント」（1週間），文化放送ラジオ「数学ジョッキー」（半年間），NHK『ラジオ談話室』（5日間），『ラジオ深夜便』「こころの時代」（2回）などに出演。1988年中国・北京で講演，2005年ギリシア・アテネの私立中学校で授業する。2007年テレビBSジャパン『藤原紀香，インドへ』で共演。

主な著書：『おもしろい確率』（日本実業出版社），『人間社会と数学』Ⅰ・Ⅱ（法政大学出版局），正・続『数学物語』（NHK出版），『数学トリック』『無限の不思議』『マンガおはなし数学史』『算数パズル「出しっこ問題」』（講談社），『ひらめきパズル』上・下『数学ロマン紀行』1～3（日科技連），『数学のドレミファ』1～10『世界数学遺産ミステリー』1～5『おもしろ社会数学』1～5『パズルで学ぶ21世紀の常識数学』1～3『授業で教えて欲しかった数学』1～5『ボケ防止と"知的能力向上"！ 数学快楽パズル』『若い先生に伝える仲田紀夫の算数・数学授業術』（黎明書房），『数学ルーツ探訪シリーズ』全8巻（東宛社），『頭がやわらかくなる数学歳時記』『読むだけで頭がよくなる数のパズル』（三笠書房）他。
上記の内，40冊余が韓国，中国，台湾，香港，タイ，フランスなどで翻訳。

趣味は剣道（7段），弓道（2段），草月流華道（1級師範），尺八道（都山流・明暗流），墨絵。

クルーズで数学しよう─港々に数楽あり─

2007年7月7日　初版発行

著　者	仲田　紀夫
発行者	武馬　久仁裕
印　刷	大阪書籍株式会社
製　本	大阪書籍株式会社

発　行　所　　　　株式会社　黎明書房

〒460-0002　名古屋市中区丸の内3-6-27 EBSビル☎052-962-3045
　　　　　　　　FAX052-951-9065　振替・00880-1-59001
〒101-0051　東京連絡所・千代田区神田神保町1-32-2
　　　　　　南部ビル302号　　　　☎03-3268-3470

落丁本・乱丁本はお取替します。　　　ISBN978-4-654-00935-0
　　　　　　　　ⒸN. Nakada 2007, Printed in Japan

長期周遊航路

日本一周（例）―約10日間―

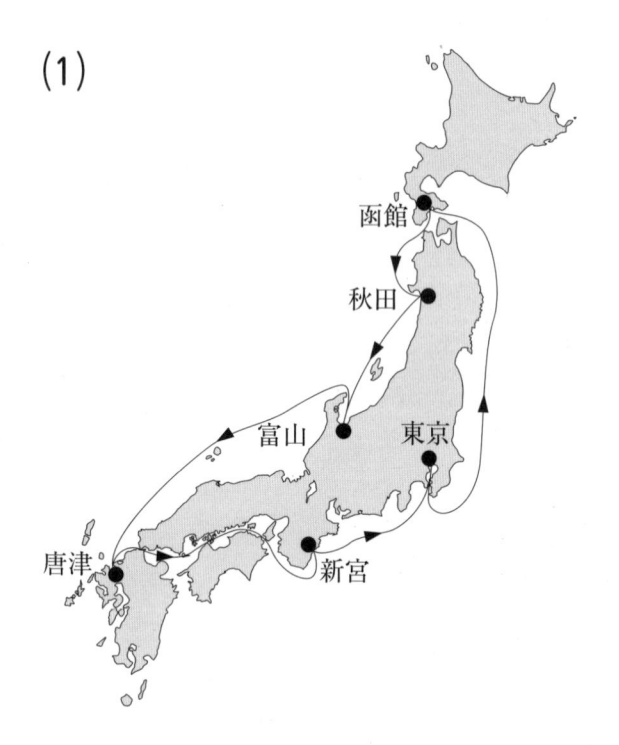

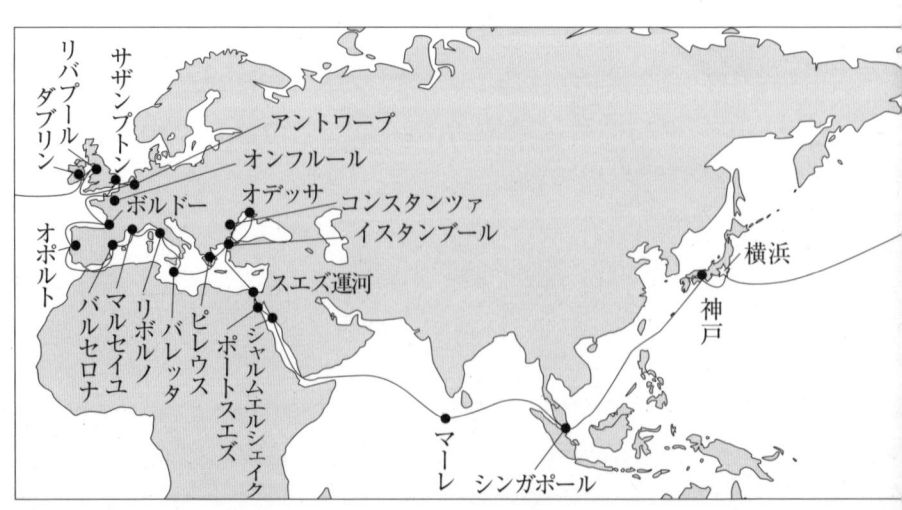

(1)

函館
秋田
富山
東京
唐津
新宮

サザンプトン
リバプール
ダブリン
アントワープ
オンフルール
ボルドー
オデッサ
コンスタンツァ
イスタンブール
オポルト
マルセイユ
リボルノ
バレッタ
バルセロナ
ピレウス
スエズ運河
シャルムエルシェイク
ポートスエズ
横浜
神戸
マーレ
シンガポール